Unser Wetter
in Baden-Württemberg

Unterwegs mit den SWR Wetterreportern der Landesschau

Michael Kögel, Michael Kost, Thomas Miltner, Harry Röhrle

Unser Wetter in Baden-Württemberg

Unterwegs mit den SWR Wetterreportern der Landesschau

DAS BUCH ZUR SENDUNG

SWR FERNSEHEN

belser

Bildnachweis

Abbildungen Umschlag:

Vorderseite: Die vier SWR Wetterreporter; Foto SWR – **unten:** Schwarzwaldlandschaft unterhalb des Belchen-Hauses, dramatisch an einem Oktobermorgen ins rechte Licht gerückt; Foto: Harry Röhrle

Rückseite oben links: Morgenstimmung am Bodensee auf der Halbinsel Höri bei Gundholzen (03. März 2017); Foto: Harry Röhrle – **oben rechts:** Sonnenaufgang mit Regen, Blitz und Sonnenschein am Zweieichenturm (28. August 2016); Foto: Ingo Jakubke – **unten links:** Die vier SWR Wetterreporter; Foto: SWR – **unten rechts:** Morgenstimmung am Belchen, Foto: Thomas Miltner

Abbildungen Kapitel-Opener:

Seite 10/11: Ein ganz seltenes Bild: Gleich vier Wetterreporter gemeinsam in Aktion; Foto: SWR
Seite 22/23: Gerstenfeld bei Spaichingen (12. August 2016); Foto: Uli Rack
Seite 40/41: Regen ohne Ende beim Dreh in Freudenstadt (20. November 2015); Foto: Harry Röhrle
Seite 90/91: Die quietschgelbe Plüschsonne sorgt auch beim Dreh in Ihringen/Kaiserstuhl für gute Laune; Foto: Michael Kögel
Seite 100/101: In einer anderen Sphäre: Im Süden durchbrechen die Wolken der Kühltürme des AKW von Gundremmingen die Nebeldecke; Foto: Michael Kost
Seite 110/111: Wie so oft bei einem Besuch bei Obstbauer Walter Gutemann wird der Reifegrad und die geschmackliche Qualität der Äpfel probiert. Und weil Walter Gutemann ein lustiger Kerl ist, gibt's ab und zu ein bisschen Quatsch vor der Kamera; Foto: Harry Röhrle
S. 130/131: »Ach steig mir doch aufs Dach«, so brachte Toningenieur Armin Nenstiel (li.) Kameramann Detlev Tietz auf eine Idee … Im Nördlinger Ries, zwischen Plaumloch und Nördlichen; Foto: SWR
S. 142/143: Sonnenaufgang, vom Knopfmacherfelsen über dem Donautal bei Fridingen aufgenommen (22. September 2015); Foto: Harry Röhrle

Seite 33 links oben: Christian Bohl, Grafenhausen

Alle anderen Fotos stammen aus den Archiven der Autoren und des SWR Fernsehens.

Bibliografische Information der Deutschen Nationalbibliothek
Die Deutsche Nationalbibliothek verzeichnet diese Publikation in der Deutschen Nationalbibliografie; detaillierte bibliografische Daten sind im Internet über http://www.dnb.d-nb.de abrufbar.

Lizenziert durch SWR Media Services GmbH

Projektleitung: Dirk Zimmermann
Redaktion: Michael Kost, Dirk Zimmermann
Gestaltung: Verlagsbüro Wais & Partner, Stuttgart
Druck und Binden: aprinta druck GmbH, Wemding

www.belser.de

ISBN 978-3-7630-2779-8

FSC www.fsc.org MIX Papier aus verantwortungsvollen Quellen FSC® C004592

Baden-
Württemberg
Main
Wertheim
Beckstein
Bad
Mergentheim
Mannheim
ODEN-
WALD
Katzenbuckel
HOHENLOHE
Tauber
Jagst
Heidelberg
Rhein
Kocher
Heilbronn
Schwäbisch Hall
Karlsruhe
Hessigheim
Ipf
Enz
Baden-Baden
Stuttgart
Schwäbisch Gmünd
Neresheim
Messelberg
Heidenheim
Hornisgrinde
Neckar
Tübingen
Rhein
Freudenstadt
Reutlingen
Ulm
Albstadt
SCHWÄBISCHE ALB
Bussen
SCHWARZWALD
Sigmaringen
Freiburg
im Breisgau
Donau
Eichfelsen
Bad Schussenried
OBERSCHWABEN
Feldberg
Belchen
Ravensburg
Hochblauen
Singen
ALLGÄU
Hagnau
Friedrichshafen
Konstanz
Standorte der SWR-Regionalstudios
Besondere Wetterorte in diesem Buch

Inhalt

Grußwort

Unser Wetter in Baden-Württemberg hat es in sich. Auf engstem Raum gibt es höchst unterschiedliche Klimazonen mit Temperaturen von +40 °C bis –30 °C. Wir haben die sonnenscheinreichsten, aber auch die nassesten Regionen Deutschlands. Wetter ist immer ein Thema im Südwesten. Genau diese Vielfalt zeigen die Landesschau-Wetterreporter des SWR. Sie verbinden auf einzigartige Weise Informationen zum Wettergeschehen im Land mit Geschichten und grandiosen Bildern aus unserer Heimat.

2002, als der tägliche Wetterbericht üblicherweise noch aus dem Studio gesendet wurde, waren unsere Wetterreporter Pioniere, die als Erste fur den Wetterbericht hinausgefahren sind, mitten in die Natur. Seit 15 Jahren zeigen sie uns von Montag bis Freitag die schönsten Wettererlebnisse im SWR Fernsehen von den interessantesten Schauplätzen im Land, zuverlässig um 18:12 Uhr in SWR Aktuell Baden-Württemberg und natürlich ab 18:45 Uhr in der SWR Landesschau. Längst aber sind die großartigen Wetterbilder auch im Internet zu finden und sogar im Radio berichten die Wetterreporter in SWR1 und SWR4. Und manchmal strahlt das ARD-Nachtmagazin ihre Bilder sogar nochmal für die gesamte Republik aus.

Dieses Buch erzählt Geschichten, die unsere Wetterreporter erlebt haben. Es soll aber auch ein Blick hinter die Kulissen der Macher sein. Und natürlich ist es auch eine Hommage an unsere Heimat Baden-Württemberg und die Regionen, in denen es den Wetterreportern besonders gut gefällt und in denen man Wetter besonders gut beobachten kann.

Baden-Württemberg ist wunderschön und aus Sicht der Wetterexperten höchst spannend.

Viel Spaß beim Lesen wünscht

Stefanie Schneider,
SWR Landessenderdirektorin Baden-Württemberg

Die SWR Wetterreporter

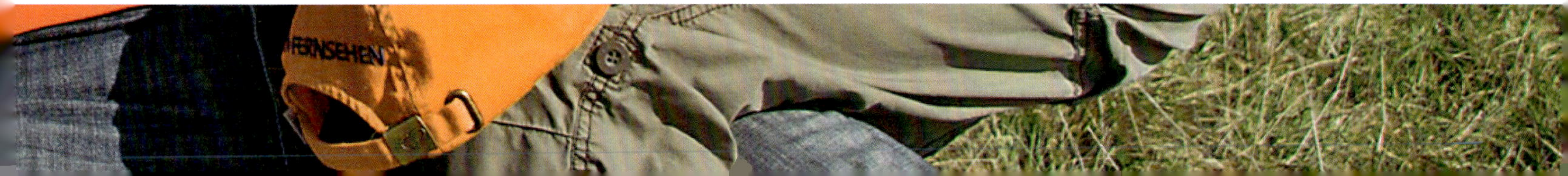

SWR FERNSEHEN
Unser Drittes

Werkstatt
SWR FERNSEHEN

SWR Landesschau
WETTER

SWR Am besten Südwesten
Fernsehen

Vier Männer für alle Fälle

Was ist unser Auftrag?

Seit September 2002 präsentieren Michael Kögel, Thomas Miltner, Harry Röhrle und Michael Kost spannende Wetterberichte, Geschichten und tolle Bilder aus Baden-Württemberg und den angrenzenden Regionen. Täglich, fünf Mal pro Woche sind sie dabei im Einsatz; einen typischen Arbeitstag gibt es für die vier Wetterreporter und das Redaktionsteam hinter den Kulissen nicht. Kein Arbeitstag gleicht dem anderen, eben wie das Wetter. Dennoch herrscht bei den SWR-Redakteuren kein »Wetter-Chaos«. Da ist ganz viel Wissen, Planung und Berufserfahrung im Spiel. Die Landesschau-Wetterreporter waren die Ersten, die das Wetter und den Wetterbericht in eine spannende Geschichte verpackt haben. Das Motto: »Wir sind da, wo das Wetter ist!«

Wettervorhersage nicht mehr im Studio vor einer Tafel oder Videowand – Nein, draußen.

Das Landesschau-Wetter ist eine tägliche Reise durch die ruhelose Atmosphäre des Landes Baden-Württemberg. Es ist dabei immer nah am persönlichen Erleben der Menschen vor Ort. Der Wetterreporter bringt die »Faszination Wetter« ins Wohnzimmer der Menschen. Er ist täglich mitten im Wettergeschehen. In der Gluthitze, bei Stürmen auf den Bergkuppen, bei Überschwemmungen oder Waldbränden. Die gedrehten Wetterbilder sind von herausragender Qualität und beeindrucken in jeder Hinsicht mit außergewöhnlichen Ansichten wunderschöner oder bedrohlicher Wettererscheinungen.

So ist dieses Format zum Erfolgskonzept der Landesschau Baden-Württemberg geworden. Michael Kost

Michael Kögel

»Wetterreporter sein: ein Glücksfall und ein Geschenk!«

Michael »Mitch« Kögel ist Wetterreporter mit Leib und Seele, ihn schrecken weder Sturm noch Kälte oder Hitze. Er liebt das Wetter und die Extreme. Er hat schon bei −20 °C, aber auch schon bei +40 °C gedreht. »Zudem ist es ein Geschenk, unsere wunderschönen Landschaften und die vier Jahreszeiten immer neu zu erleben«, sagt er.

Michael Kögel ist 1969 in Heidelberg geboren und in Walldorf aufgewachsen. Dort hat er sein Abitur und später an der Universität Heidelberg in den Fächern Politische Wissenschaften und Geografie seinen Magisterabschluss gemacht. Das Wetter und der Himmel haben ihn schon immer fasziniert. Auch durch das Windsurfen auf dem Wasser oder dem Skifahren im Gebirge. Passenderweise entstammen seine journalistischen Wurzeln dem Sport! Beim damaligen SDR, dem Süddeutschen Rundfunk, ging es los. Mit 17 Lenzen hat er 1987, noch während der Schulzeit, erst im damaligen Studio in Heidelberg (Villa Bosch), später dann in Mannheim als SDR Sportreporter gejobbt. In der Anfangszeit haben ihn seine Eltern jedes Wochenende zum Sender nach Heidelberg gefahren und nach getaner Arbeit wieder abgeholt. Damit haben sie ihrem Sohn den beruflichen Weg geebnet.

Live vor Ort oder aus dem Studio: Über fast alle Sportarten und Ligen hat er in seinen 12 Jahren als Radioreporter für Kurpfalz-Radio-Sport berichtet und so sein Handwerk erlernt. »Man braucht Talent, Ausdauer, Kampfgeist, Glück und eine große Klappe«, sagt er selbstbewusst. Der waschechte Kurpfälzer wusste schon mit 15 Jahren, dass er Redakteur werden will. Inspiriert von den Live-Berichterstattungen aus den Fußball-Bundesliga-Stadien, hört der glühende Fan von Borussia Mönchengladbach sie noch heute liebend gern.

Fußball ist ihm wichtig, doch mit dem Wetter ist später eine weitere Leidenschaft dazugekommen: »Meine Arbeit als Wetterreporter bietet so viele Möglichkeiten. Irgendwie ist das wie beim Sport.« Es ist nicht alles plan- oder vorhersehbar, und genau das macht unseren Job auch so spannend und abwechslungsreich!

Baden-Württemberg kennt er nach 15 Jahren Wetterreporter wie seine Westentasche. »Das ist ein Geschenk«, sagt er begeistert. »Viele Ecken des Landes hätte ich privat gar nicht gesehen.« In all den Jahren hat er sowohl die badischen als auch die württembergischen Werte, Vorzüge und Eigenschaften kennen, schätzen und lieben gelernt. Deshalb fühlt sich Michael Kögel mittlerweile mehr denn je als Baden-Württemberger.

Auch ein Grund dafür: 16 Jahre lang hat er im Stuttgarter Heusteigviertel gelebt, bevor er 2015 aus familiären Gründen wieder in seine alte Heimat nach Walldorf gezogen ist.

Michael Kögel ist glücklich verheiratet und Vater von zwei Söhnen.

SWR
Fernsehen

WETTER

VAUDE

Michael Kost

»Am liebsten den Blick auf Wolken und Himmel gerichtet«

In luftigen Höhen hat man den besten Ausblick – deshalb liebt Michael Kost das Fliegen. Er kennt die schönsten Ecken Baden-Württembergs und zeigt sie bei seinen Wetterflügen.

Michael Kost hat zwei Leidenschaften: das Fliegen und die Arbeit als Journalist. Der gebürtige Stuttgarter wollte schon immer zum Rundfunk. Durch Zufall ist er also nicht Wetterreporter geworden: Schon als Zehnjähriger hat er Wolken fotografiert und als Dia-Show der Familie vorgeführt. »Und als Wetterbesessener und Pilot ist man beim Wetterteam gut aufgehoben. Man muss für diesen Job einfach einen ›Hau‹ haben – ohne geht es nicht!«

Michael Kost ist (ein wirklich mal gelernter) Film- und TV-Produzent. Den Grundstein für seine berufliche Laufbahn legte das Studium der Fächer Germanistik und Linguistik an der Uni Stuttgart. Es folgte ein Aufbaustudium in München – und jetzt sind wir beim Fachlichen – TV-Produktionsmanagement.

Beruflich ging es schon ende der 1980er-Jahre während des Studiums los. Als redaktioneller Mitarbeiter in der Fernseh-Unterhaltung des Süddeutschen Rundfunks. 1992 dann die erste Berührung mit dem Fernsehwetter – als Redakteur der Unterhaltungsshow »Heiter bis Ulkig«. Besonders stolz ist Michael Kost, dass er es war, der »Mr. Bean« ins deutsche Fernsehen gebracht hat. Seit 2002 ist er als Redakteur in der Landesschau für das Wetter und Landesschau-Mobil zuständig.

Weit länger als seine berufliche Laufbahn dauert seine fliegerische Karriere an. Im stolzen Alter von vier Jahren war Michael Kost zum ersten Mal an Bord eines Sportflugzeugs. Die Begeisterung für den Luftsport motivierte ihn, die verschiedenen Pilotenlizenzen zu erwerben.

Für ihn ist Baden-Württemberg ein wunderschönes Stück Land, nicht nur aus der Luft betrachtet. Was kann für einen Menschen schöner sein, als Wetterreporter in diesem Land unterwegs sein zu dürfen? An seiner Arbeit schätzt er die Augenblicke, die wunderschön sind, aber so schnell wieder verschwinden; die einzigartigen, wenn auch flüchtigen Momente, Eiskristalle in der Luft im Gegenlicht oder der Fischer am Bodensee, der zufällig mit seinem Boot durch die aufgehende Sonne fährt. »Ich mag es, wenn nach einem Tiefdruckgebiet der Himmel wie frisch geputzt aussieht.«

Was er nicht mag: Menschen, die ständig etwas am Wetter auszusetzen haben!

Geboren am 14. Juli 1965 in Stuttgart. Lebt in Stuttgart. Sein Zweitwohnsitz – wie könnte es anders sein? – ist auf dem Flugplatz Aalen-Elchingen. Der liegt auf dem Härtsfeld, für ihn eine der schönsten Landschaften Baden-Württembergs.

HD HM 3012

WETTER
SWR>>FERNSEHEN

Thomas Miltner

»Ich liebe jedes Wetter!«

Thomas Miltner ist der Wetterreporter der ersten Stunde. Er stand im September 2002 als Erster vor der Kamera und hat die Idee von einem »neuartigen Wetter« in der Landesschau zum Leben erweckt.

Schon bei einem der sogenannten Pilotfilme stand er Anfang 2002 schelmisch lachend mit »Friesen-Nerz« im Allgäu und man ließ ihn unter Gießkannen slapstickmässig »im Regen stehen«. Genau das Richtige für den humorvollen Vollblut-Journalisten aus Heidelberg – mal mit einem Augenzwinkern, mal ernst und der Situation angemessen, mal erklärend oder selbst die besonderen Wettermomente andächtig genießend.

Schon nach dem Abitur 1985 arbeitete Thomas Miltner beim Süddeutschen Rundfunk: Im Studio Heidelberg unterstützte er zunächst die Sportredaktion, später auch andere Sendungen im Radioprogramm von S4 Baden-Württemberg. Von der Pike auf lernte er das journalistische Handwerk, wurde sogar Fußball-Livereporter in der berühmten ARD Bundesliga-Konferenz. Vom Radio ging es zum Fernsehen und da zum »Treffpunkt« und zu »Landesschau Mobil.« Doch nach so vielen Traumjobs sollte 1992 der Auftrag für das »neue Wetter« seine wahre Berufung werden.

Bereits als Kind faszinierte den gebürtigen Heidelberger das Wetter, kein Wunder in einer landwirtschaftlich geprägten Familie. Mit dem Opa ging es auf die Streuobstwiesen, mit der Patentante über die Felder in der Großgärtnerei und mit dem Onkel auf den Bauernhof. Schon damals wuchs die Leidenschaft für die Natur und das Wetter im Besonderen. Opa sagte dem kleinen Thomas immer: »Wenn die Bäume keine Blätter mehr tragen, kommen der Winter und der Schnee.« Weil der Junge Schnee so liebte, schüttelte er im Herbst an jedem Baum im Garten und zupfte die Blätter einzeln ab, wenn es sein musste. Trotz des Misserfolges, das Wetter zu beeinflussen, ist die Leidenschaft ungebrochen und das Wetter »ansagen« zu dürfen ist bis zum heutigen Tag immer noch ein Traum für ihn.

Kein Wunder also, dass er jetzt regelmäßig auf der Suche nach spannenden und unterhaltsamen Wettergeschichten in Baden-Württemberg ist. Der gebürtige Heidelberger liebt die besonderen Momente, die er während der Drehs erlebt. Die schönsten Augenblicke sind für ihn diejenigen, bei denen er mit Staunen und einer gewissen Demut die Natur beobachtet.

Natürlich gibt es auch Tage, an denen nicht alles rund läuft, er klatschnass ist, schrecklich friert und den Regen verflucht. Aber dann versöhnt ihn das Wetter von einem Augenblick auf den anderen wieder mit wunderbaren Szenarien. Ein Lieblingswetter hat Thomas Miltner übrigens nicht: »Ich bin Wetterreporter, ich liebe jedes Wetter, mache das Beste daraus, am besten in Form eines Films, sodass auch die Landesschau-Zuschauer das Gefühl haben: ›Es war doch recht schön heut'‹.«

An Baden-Württemberg mag er die Vielfältigkeit der Landschaften und der Wetterlagen, wobei jede Region zu bestimmten Jahreszeiten wieder ihren ganz besonderen Reiz hat. Sein Fazit nach vielen Jahren als Wetterreporter lautet: »Herzlichen Dank an unsere Kollegen und Zuschauer und ... was machen wir morgen Schönes?«

Wenn es mal nicht ums Wetter geht, dann stehen seine Frau, sein Sohn und die beiden Hunde im Mittelpunkt. Doch ob beim Fußballspielen, Skifahren, Wandern oder einfach nur beim Gassigehen, das Wetter ist doch immer irgendwie dabei ...

Harry Röhrle

»Entspannt und fröhlich bei jedem Wetter«

Harry Röhrle ist der »dienstjüngste« im Team, er stieß 2003 zu den Wetterreportern dazu. Seit 1992 arbeitet er schon beim SWR, aber der Faible für den Journalismus war schon sehr früh erkennbar. Seine jüngere Schwester musste sehr oft herhalten für Interviews mit dem Kassettenrekorder. Während seines Studiums der Sportwissenschaften in Tübingen und den USA wurde es dann ernst im Seminar »Sportberichterstattung im Hörfunk«. Erste Kontaktaufnahme mit mit dem Journalismus und Harry Röhrle war sofort hin und weg! Genau das war sein Ding und das wollte er fortan machen. Zunächst in der Sportredaktion in Stuttgart, dann im Studio Tübingen und ein bis zwei Mal pro Monat als Wetterreporter. Zu heiß oder zu kalt, das kennt er nicht, er liebt einfach alle Wetterlagen. Und so lässt er sich auch durch nichts bei den Dreharbeiten aufhalten, nicht einmal von einer kaputten Kamera.

Allein schon vom Nachnamen her ein waschechter Schwabe, der sich von keinem Wetter aufhalten lässt. Harry geht auch gerne dorthin, wo es wehtut. Er hat schon knapp minus 30 Grad Celsius, aber auch über 40 Grad Celsius erlebt. »Dazu noch zehn Windstärken. Aber Mensch und Maschine haben es überlebt!« In den Alpen allerdings ist die Kamera einmal beim Dreh von einer Föhnsturm-Böe erfasst worden, umgekippt und zu Bruch gegangen. »Wir wussten nicht, was wir machen sollten, aber dann haben wir doch eine Lösung gefunden und den Wetterbeitrag gerettet.«

Auf der Schwäbischen Alb und im Schwarzwald fühlt sich Harry Röhrle am wohlsten, denn er liebt die Berge. Früh aufstehen und bei der Farbenorgie am Himmel während des Sonnenaufgangs dabei sein. Vor allem genießt er die Ruhe in den frühen Morgenstunden: »Man erlebt das Land und die Landschaft von einer ganz anderen, ungewohnt stillen Seite. Oder die ersten Gerüche des nahenden Frühlings nach einem langen und kalten Winter. Das hat etwas Magisches.« Harry Röhrle nimmt das Wetter mit allen Sinnen wahr.

Der gebürtige Schwäbisch Gmünder – Baujahr 1967 – schwärmt von den schönen Erlebnissen, die er jede Woche aufs Neue erlebt: »Mal ist es ein toller Sonnenaufgang oder nette Leute, die einen ansprechen«, erzählt er. »Ein schöner Drehtag war zum Beispiel, als wir vier Wetter-Jungs für unseren Jubiläumsfilm auf dem Feldberg und dem Klippeneck gedreht haben. Das war ein Wahnsinnstag, der auch lange im Gedächtnis haften bleibt. Aber auch der Moment, als ich im Juni 2012 beim Gipfel der Wetterfrösche den Medienpreis in Empfang genommen habe, war unglaublich«, meint Harry Röhrle.

Allerdings ist auch sein Privatleben gut ausgefüllt. Er ist ein Familienmensch, der trotz des zeitintensiven Jobs versucht, so viele Momente wie möglich mit seiner Frau und seinen beiden Töchtern zu verbringen. Und wenn dann tatsächlich noch ein bisschen Zeit übrig bleiben sollte, dann ist Harry zum einen sportlich unterwegs. Entweder mit den Joggingschuhen oder auf dem Mountainbike. Zum anderen liebt er die Musik. Entweder passiv hören, zum Beispiel Bruce Springsteen, Keith Urban oder Andy McKee. Es darf aber auch klassisch sein. Oder aktiv musizieren mit Gitarre und seiner Band »Smile in a Pocket«, einem Rock-Duo.

WETTER
SWR

WETTER

Unser Wetter in Baden-Württemberg

Zwischen Bötzingen und Vogtsburg: Blick von den Weinterrassen des Kaiserstuhls Richtung Rheinebene und Schwarzwald.

Was macht unser Wetter in Baden-Württemberg aus?

Alles, was Wetter spannend, beeindruckend, aber auch furchteinflößend macht – Baden-Württemberg hat es ... Jeden Tag gibt es etwas Neues zu entdecken, kein Tag gleicht dem anderen.

Wetter fasziniert uns in Baden-Württemberg und ist Gesprächsthema Nummer eins. Denn das Bundesland geizt nicht mit Superlativen und Extremen. Von +40 °C bis knapp −40 °C können die Temperaturen schwanken. Sonnenstunden wie in der Sahara – Niederschläge wie im tropischen Regenwald. Vom Rekordsommer 2003 wird heute noch gesprochen. Wunderschön oder bedrohlich: Wetter, das sind Emotionen, Glücksgefühle, aber auch Ärger und Zorn.

Klimatisch betrachtet liegt der Südwesten Deutschlands in einem Übergangsgebiet zwischen Seeklima im Westen und Kontinentalklima im Osten. Das bewirkt, dass abwechselnd ozeanische und kontinentale Klimaeinflüsse wirksam werden. Aufgrund der häufigen Westwinde überwiegen die sogenannten atlantischen Westwetterlagen. Die Vielgestaltigkeit unseres Landes, also das Nebeneinander hoher Bergländer und abgeschirmter Beckenräume, führt zu deutlichen klimatischen Unterschieden schon auf kurzen Entfernungen.

Der Winklerberg bei Ihringen am Kaiserstuhl gilt als der wärmste Ort in Baden Württemberg. Schon seit dem 19. Jahrhundert werden hier Edelweinreben angebaut, die sonst in Süditalien heimisch sind. Entsprechend groß ist auch die Artenvielfalt und nirgendwo blüht die Natur früher auf als hier. Nur ca. 40 Kilometer Luftlinie ostwärts befinden wir uns bereits im Hochschwarzwald. Der Feldberg als höchste Erhebung des Landes stößt mit seinen rund 1500 Meter über dem Meeresspiegel bereits in subalpine Regionen vor. Entsprechend ist dort das Klima.

Hier herrscht oft monatelang Winter. Der erste Schnee fällt meistens schon Mitte Oktober. Auf dem Feldberg geht die Wintersportsaison in der Regel bis Ostern, also Mitte April. Letzte Schneereste liegen dann noch oft bis

Anfang Juni am Seebuck oder dem Nordhang. Der ist übrigens eines der gefährlichsten Lawinengebiete nördlich des Alpenhauptkamms.

Zwischen Kaiserstuhl und Hochschwarzwald liegt die Großstadt Freiburg. Die wird häufig von einem besonderen Wind durchströmt – dem Höllentäler, Freiburgs Frischluftwind. Meteorologen ordnen den abendlichen Frischegaranten unter der Rubrik »Talwind« ein. Rein statistisch weht er an 164 Abenden im Jahr. Zum »Höllentäler« vereinigen sich mehrere Talwinde aus dem Höllental, dem Wagensteigtal und dem Eschbachtal. Mächtigster Zulieferer ist jedoch die »Hofsgrunder Mulde« im Bruggatal am Schauinsland.

Auf der Schwäbischen Alb ist man Kälte und Schnee gewohnt. Auf der Albhochfläche in den Muldenlagen liegen auch zwei der drei sogenannten Kältepole des Landes: Albstadt-Degerfeld und Sonnenbühl. Mit dem Klippeneck liegt auf der Südwestalb aber auch der sonnenscheinreichste Ort Deutschlands. Der dritte Kältepol ist Bernau im Südschwarzwald.

Durch seine südliche Lage ist Baden-Württemberg gegenüber anderen Bundesländern hinsichtlich der Temperaturen begünstigt. Das Oberrheinische Tiefland weist Jahresmitteltemperaturen von +10 °C auf und gehört damit zu den wärmsten Gebieten Deutschlands. Freiburg und Karlsruhe gehören zu den wärmsten Großstädten Deutschlands. Am 13.08.2003 wurde in beiden Orten +40,2 °C gemessen.

Klimatisch begünstigt sind auch der Kraichgau und das Neckartal nördlich von Stuttgart. Die Landeshauptstadt

Wolkenzerzauster Himmel: Blick zwischen Weiterdingen und Mühlhausen Richtung Vulkankegel des Hegau.

Dramatisches Licht- und Wolkenspiel über Schloss Lichtenstein.

Dem Himmel ein bisschen näher ist man bei Watterdingen oberhalb von Tengen.

liegt im Lee des Nordschwarzwaldes. Und von Teilen der Schwäbischen Alb. Deshalb ist die Sonnenscheindauer mit 1720 Sonnenscheinstunden im Jahr relativ hoch. Auf über 700 Meter über dem Meeresspiegel liegt Freudenstadt im Staubereich des Nordschwarzwaldes.

Der Ort mit DWD-Wetterstation zählt deshalb wegen der nahen Lage zum Hauptkamm des Nordschwarzwalds zu den niederschlagsreichsten Orten in Deutschland. Auch im Winter kann innerhalb kurzer Zeit sehr viel Schnee fallen.

Anfang März 1988 wurden innerhalb von 48 Stunden 90 cm Neuschnee gemessen.

Das Bauland zwischen Neckartal im Westen und dem Taubertal im Nordosten ist im Volksmund als »Badisch Sibirien« bekannt. So kalt wie in Sibirien ist es in dieser Region zwar nicht, aber schneereiche Winter sind hier auch heute noch nicht Ungewöhnliches.

Und dann gibt es natürlich auch noch die Region rund um den Bodensee. Der ist mit einer Fläche von fast 540 km^2 der größte See Deutschlands. Das Seeklima ist sehr mild mit warmen Sommern und gemäßigten Wintern und wird daher oft als mediterran bezeichnet. Bedingt durch die Nähe zu den Alpen kann es im teilweise

Nur ein lokaler Schauer: Im Lichtspiel am Morgen wirkt eine Regenfahne im Odenwald zwischen Mosbach und Dallas wie ein Vorhang über der Landschaft des Neckar-Odenwald-Kreises.

schwülen Sommer zu plötzlichen Wetterwechseln und Gewittern mit starken Sturmböen kommen. Der Föhn aus den Alpen und speziell dem Rheintal kann auf dem See gefährliche Seenotlagen verursachen. Im Herbst und auch im Winter liegt die ganze oberschwäbische Region häufig unter einer geschlossenen Nebeldecke. Der Sommer am Bodensee ist für die vielen Urlauber ein Traum. Durch die Wassertemperatur und eine ständige Luftbewegung liegen die Temperaturen zwischen angenehmen 25 und 30 °C. In der Zeit zwischen Juni und August beträgt die Anzahl der Sonnenstunden etwa 7,2 pro Tag. Allerdings müssen Menschen dann auch mit Regen rechnen.

Die Monate Mai und Juni – Wonnemonat und Frühsommer? Von wegen, immer häufiger werden wir in diesem Zeitraum von schweren Unwettern heimgesucht! In vielen Regionen Baden-Württembergs sorgen heftige Gewitter mit Sturzregen und großem Hagel inzwischen für Angst und Schrecken. Der Juni ist bei uns inzwischen der unwetterreichste Monat des Jahres. Normalerweise ordnen die Wetterkundler den September gerne schon dem Herbst zu, aber in Baden-Württemberg kann man ihn getrost noch zu den Sommermonaten zählen. Nur gelegentlich zeigt der September mal seine herbstlichen Seiten. Auch der Oktober im Land ist immer öfter ein wahrhaftig goldener. Für die Landwirtschaft wichtig ist die Länge der Vegetationsperiode, gemessen in frostfreien Tagen. Im Landesdurchschnitt sind dies 170, an Rhein, Neckar und Bodensee sogar über 200.

Die Menschen beobachten das Wettergeschehen wohl schon seit Jahrtausenden, überliefert sind bis vor etwa 200 Jahren meist nur Extremereignisse wie Hochwasser, Dürren oder Sturmfluten. Erst seit etwa 300 Jahren werden zunächst nur vereinzelt und unregelmäßig auch Messungen meteorologischer Parameter erfasst. Das erste systematisch betriebene Messnetz der Welt wurde 1781 von der Mannheimer Meteorologischen Gesellschaft ins Leben gerufen. Auch da ist also Baden-Württemberg ein Pionierland. Michael Kost

Die Konstanzer lieben ihr Hörnle. Für uns ist die Stelle mit dem Seezeichen ein guter Ort am Bodensee, um Sonnenaufgänge zu beobachten.

Manchmal sieht man hier oben nicht einmal die Hand vor den Augen. Häufig aber auch das grandiose Alpenpanorama. Der Alte Fernsehturm auf dem Seebuck. Wer will, kann auf dem Turm auch heiraten – bei jedem Wetter.

STEINENKREUZLE

Magische Wetterorte

Immer wieder kommen wir Wetterreporter an Orte, an denen wir das Wetter besonders gut beobachten oder spüren können. Das muss gar kein ausgewiesener Aussichtspunkt auf einer Landkarte oder zum Beispiel des Schwäbischen Albvereins oder des Schwarzwaldvereins sein. Es sind Punkte, die auch ideal für Filmaufnahmen sind, weil dort die Landschaft in besonderer Weise vor der Kamera zu sehen ist und von man von dort das Wettergeschehen gut beobachten kann.

Solche Orte zu finden ist nicht immer leicht. Wir merken uns diese und speichern uns diese natürlich auch in unserem Navigationsgerät ab. Im Lauf der Zeit sind einige dieser Aussichtspunkte zusammengekommen: Magische Wetterorte.

Albstadt-Degerfeld

Hier habe ich meinen Temperatur-Negativrekord erlebt: –27 °C an einem eiskalten Wintermorgen! Strenger Frost ist hier im Winter die Regel. Das Gelände am Flugplatz Degerfeld ist abschüssig. In den Mulden sammelt sich in den Nächten die Kälte: Das Thermometer rauscht in den Keller. Die Gegend ist landschaftlich sehr schön. Kiefernwälder, Heidelandschaft und schöne Aussichten, ein Wanderparadies. Im Sommer ist auf dem Degerfeld reger Flugbetrieb. Übrigens: Die –27 °C haben sich gar nicht so schlimm angefühlt. Es war eine trockene Kälte. **Harry Röhrle**

Bad Mergentheim/Wildpark

Oberhalb der »Romantischen Straße« gelegen, befinden sich gegenüber dem Wildpark von Bad Mergentheim gleich mehrere wunderschöne Aussichtspunkte. Mal mit Blick auf die Stadt, mal hinunter zum Weinort Markelsheim oder in Richtung Taubertal und seinen vielen Seitentälern. Von hier oben wird klar, warum die Region so gerne mit »lieblich« beschrieben wird. **Thomas Miltner**

Bolberg

Der Bolberg zwischen Sonnenbühl und Mössingen bietet einen grandiosen Blick nach Westen. Von dort oben sind Schlechtwetterfronten sehr früh und sehr gut zu erkennen. Der Weg zum Bolberg führt von Sonnenbühl-Willmandingen aus im Sommer durch prächtig blühende und intensiv riechende Albwiesen. Auf dem 880 m hohen Bolberg steht eine Schutzhütte, falls das schlechte Wetter dann doch mal zu schnell aufziehen sollte. An klaren Tagen ist der Schwarzwald zu sehen. Ich hatte auf dem Bolberg einmal eine Art Fata Morgana. Bei einem Wetterdreh entdeckte ich am Horizont eine weiße Fläche, die über der grünen Landschaft schwebte. Keiner wusste, was das sein konnte, bis ich durch mein Teleobjektiv schaute: Es war die weiße Kuppe des schneebedeckten Feldbergs. Das sah ziemlich abgefahren aus. **Harry Röhrle**

Breitenstein

Der Breitenstein ist ein 811,6 m hohes Felsplateau. Der Felsvorsprung besteht aus Weißjuragestein und liegt am Nordrand der Schwäbischen Alb direkt am Albtrauf. Von dem rund 200 m breiten Plateau des Breitensteins aus bietet sich ein freier und kaum bewachsener, weiter Blick auf das rund 400 m tiefer gelegene Bissingen. Es ist ein beliebter Ausflugsort und auf nahezu allen Karten der Gegend verzeichnet. In all den Jahren ist der Breitenstein für mich ein echter Hotspot geworden: Spektakuläre Aufnahmen direkt am Albtrauf, bei Wind und Wetter dazu ein toller Rundumblick auf die Teck oder die Drei Kaiserberge. Ein gut zu erreichender Aussichtspunkt bei Ochsenwang für alle. Vom Parkplatz ist es nur ein kurzer Fußweg zur Abbruchkante. An klaren Tagen kann man von hier oben sogar den Stuttgarter Fernsehturm sehen. Aufpassen muss man aber, denn die Kante ist gefährlich – die Absturzgefahr jederzeit gegeben. Nervenkitzel inklusive. **Michael Kögel**

Eggenertal

Das Markgräflerland in der äußersten südwestlichen Ecke Baden-Württembergs ist an sich schon ein sehr schönes Fleckchen Erde. Das Eggenertal zwischen Badenweiler und Kandern ist im Frühjahr eine Wucht: Dann setzt die Kirschblüte ein. Meist Anfang bis Mitte April. Das gesamte sanft hügelige und geschwungene Tal ist übersät mit Kirschbäumen. Aus der Ferne betrachtet sehen sie aus wie weiße Wattebäusche in der Landschaft. Von nahe erschlägt einen die schier endlose Zahl der schneeweißen Kirschblüten. Wenn dann noch der Himmel strahlend blau ist, dann ist der Anblick perfekt. **Harry Röhrle**

Bilder linke Seite: Albstadt-Degerfeld – Breitenstein – Bolberg – Bad Mergentheim/Wildpark – Eggenertal

Eichfelsen Donautal

Es gibt einige Stellen im Land, wo ich besonders gerne bin. Das Donautal gehört definitiv dazu. Vor allem die Strecke zwischen Dietfurt und Beuron ist immer wieder faszinierend. Erst später habe ich den Aussichtspunkt Eichfelsen bei Irndorf entdeckt und seither gehört er zum Besuchsprogramm, wenn ich Richtung Donautal unterwegs bin. Der Blick kann ungehindert durchs Donautal schweifen. Außerdem sind die Burg Wildenstein und die Burg Werenwag auf Augenhöhe. Die schönste Zeit, um sich dort aufzuhalten, ist der Herbst, wenn das Donautal kunterbunt vor einem liegt. Sehr interessant ist auch der Felsengarten ganz in der Nähe. Dort wachsen Felspflanzen aus allen Klimazonen der Erde. **Harry Röhrle**

Ermingen bei Ulm

Zwischen Allewind und Ermingen unweit von Ulm haben Wissenschaftler der Uni Ulm einen Sonnenwendplatz nach dem Vorbild des berühmten Steinkreises von Stonehenge errichtet. Zweimal im Jahr strahlt die Sonne genau durch den kleinen Bogen aus Felsblöcken. Hier oben auf dem Hochsträß hat man zudem einen wunderbaren Blick Richtung Donautal. Obwohl es sich um einen Nachbau handelt, ist es ein Ort mit besonderer Ausstrahlung. **Thomas Miltner**

Feldberg

Baden-Württembergs höchster Berg darf natürlich nicht fehlen. Ob Feldberggipfel oder Seebuck, dort sind wir über das Jahr hinweg gesehen bestimmt fünf- bis zehnmal. Denn der Feldberg hat zu jeder Jahreszeit was zu bieten. Allen voran natürlich im Winter. Skibetrieb, Lawinengefahr, Bergrettung – der Feldberg ist alpines Terrain. Leider wird er allzu oft unterschätzt. Auch dort sind die Wege für uns einfach und kurz. Wie oft sind wir dort schon mit diversen Hilfsmitteln nach oben gelangt. Mit dem Schidoo, dem Pistenbully, oder ganz einfach mit dem Wetterauto. Das Team vom Feldberg macht eben alles möglich, um uns die Arbeit zu erleichtern. **Michael Kögel**

Freudenberg am Main

Die Stadt erstreckt sich an den Ausläufern des Odenwaldes gegenüber dem Spessart zwischen Wertheim und Miltenberg. Freudenberg ist die nordwestlichste Stadt des Main-Tauber-Kreises und liegt in einem wirklich schmalen Streifen zwischen dem Main und dem Hang des Burgbergs. Diese geografische Gegebenheit ist auch der Grund, weshalb die Bewohner und ihre Häuser über viele Jahrhunderte von den Hochwassern des Mains bedroht waren. Wir Wetterreporter konnten uns davon immer wieder ein Bild machen.

Das Klima ist ebenfalls vom Fluss geprägt – der Mainschleife. Eine gewisse mediterrane Leichtigkeit mit milden Wintern und heißen Sommermonaten. Hier gibt es zum einen viele Sonnenstunden und der markante rote Buntsandstein speichert diese Wärme. Obstbäume und Wiesen prägen das Landschaftsbild. **Michael Kost**

Grafenhausen

Rund um Grafenhausen hat man bei Inversionswetterlagen die eindrucksvolle Kulisse der Schweizer Alpen vor sich: das Berner Oberland mit den mächtigen Gipfeln von Eiger, Mönch und Jungfrau sowie im Osten den Säntis, den Schweizer Hausberg des Bodensees.

Der Blick vom Grafenhausener Teilort Rothaus auf die Schweizer Alpen entschädigt alle, die an Fernweh leiden und doch arbeiten müssen, ein klein wenig. Die Besucher des schönen Ortes südlich des Schluchsees verharren oft minutenlang an einer Stelle und blicken gebannt nach Süden. Meistens beginnt nur wenige Kilometer südlich und ein paar Höhenmeter tiefer der Nebel: Der reicht vom Hochrhein manchmal bis zu einer Höhe von 750 m. Zwischen Birkendorf und Grafenhausen gibt es einige wunderschöne Wanderwege und Aussichtspunkte. **Michael Kost**

Härtsfeld

Ein spröder Zauber liegt über der Gegend und ihren Menschen. Weite Hochflächen, Trockentäler, Magerwiesen, dichte Wälder, offenes Ackerland und ein Dutzend Wacholderheiden wechseln sich ab. Die Landschaft hat einen rauen Charme und ist auch als »Schwäbisch Sibirien« bekannt. Sie bietet aber auch wunderbare Aussichtspunkte zur Wetterbeobachtung: Die Albhochfläche ist hier offen und nicht so bewaldet. Es gibt zwar keine ausgewiesenen Aussichtspunkte rund um Neresheim. Aber jeder Weg, den man geht oder fährt, offenbart einen neuen Blick. **Michael Kost**

Bilder rechte Seite: Grafenhausen – Eichfelsen Donautal – Freudenberg am Main – Härtsfeld – Ermingen – Feldberg

Hegauvulkane

Oberhalb vom Haldenhof bei Mühlhausen gibt es einen Aussichtshügel, der den Blick auf einige der wundervollen Hegauvulkane freigibt, darunter auch auf den Hohentwiel bei Singen. Gerade im Herbst und Frühjahr, wenn das Licht besonders weich ist und das Wolkenspiel für ungewöhnlich viele Licht- und Schattenwechsel sorgt, kommt die einmalige Form der Landschaft ganz zauberhaft zum Ausdruck. Eine Landschaft mit Geschichte und Charakter. **Thomas Miltner**

Hessigheimer Felsengärten

Die Obere Donau hat ihre Felsen. Der Neckar aber auch. Zwischen Besigheim und Hessigheim sind die Felsengärten, eine Gesteinsformation oberhalb des Neckars. Steil abfallend. Deshalb ist der Blick ins Land ungestört. Die Felsen enden oben mit einem Plateau, das begehbar ist. Dort oben zu sitzen, auf die vorbeiziehenden Schiffe auf dem Neckar zu blicken oder auf die untergehende Sonne hat etwas Erhabenes. Nur ein paar Kilometer weiter zwischen Hessigheim und Mundelsheim folgt die große Neckarschleife. Dort macht der zweitlängste Fluss des Landes eine formvollendete 180-Grad-Wende. **Harry Röhrle**

Hochblauen

Zusammen mit dem 1414 m hohen Belchen ist der Hochblauen im Südschwarzwald bei Badenweiler einer der besonders magischen und kraftvollen Orte im Land. Die Aussicht ist atemberaubend: Nach Norden der Überblick über die gesamte Westflanke des Südschwarzwaldes, nach Westen der Kaiserstuhl, das Rheintal und die Vogesen, nach Süden schaut man bis in die Innenstadt von Basel und Richtung Alpen und im Osten blickt man auf den Belchen, das Herzogenhorn und den Feldberg. Schon bei unseren Urahnen galt der Belchen als Ort außergewöhnlicher spiritueller Energie. **Thomas Miltner**

Hohenstaufen

Die Drei Kaiserberge sind schon eine besondere Bergformation! Hohenstaufen, Rechberg und Stuifen sind von allen Himmelsrichtungen her sichtbar. Der Hohenstaufen ist mit seinen 684 m Höhe zwar etwas niedriger als der über 700 m hohe Rechberg, doch er ist der König unter den Bergen und ein historischer Ort von Rang, wie es ihn sonst nur selten im Land gibt. Auf dem Berg liegt die Ruine der Stammburg des Adelsgeschlechts der Staufer, die ehemalige Burg Hohenstaufen. Der Blick von hier oben reicht bis nach Stuttgart im Westen und bei klarem Wetter kann man mit etwas Glück im Süden sogar die Alpen am Horizont erkennen. Ich fahre aber gerne ein paar Höhenmeter weiter unten auf den sogenannten Aasrücken, die Ostflanke des Berges. Der Höhenzug teilt das Remstal im Norden vom Filstal im Süden. Im Sommer kann man sehr gut am Albtrauf heranziehende Schauer oder Gewitterzellen beobachten, im Herbst und Winter ist man hier schon über dem Talnebel. Sonnenaufgänge am Hohenstaufen erhöhen bei mir immer den Pulsschlag. Ich stelle mir dann die Frage: Was mag Kaiser Friedrich Barbarossa wohl bei solchen Impressionen gedacht haben? **Michael Kost**

Horn am Bodensee

Bei Horn »fließt« die Halbinsel Höri ganz sanft in den Bodensee. Der Uferbereich gleicht einer flachen Meeresküste, während der weite Blick hinüber zur Insel Reichenau sich am Horizont bis zu den Alpen erstreckt. Gerade im Sommer zum Sonnenaufgang ein Ort voller Romantik, atemberaubender Farben und großartiger Naturgewalt. **Thomas Miltner**

Hornisgrinde

Die Hornisgrinde ist mit 1163 m Höhe nicht nur der höchste Berg im Nordschwarzwald, sondern für mich ein ganz wichtiger Ort. Zum einen sorgt das Wetter vor allem im Winter dafür, dass man hier oben in eine völlig andere Welt eintaucht, besonders wenn man von der »grünen« und »schneelosen« Rheinebene hinauffährt. Zum anderen ist man auf dem Höhenzug Wind und Wetter hautnah ausgesetzt. Das haben wir schon unzählige Male mit der Kamera einfangen können. Was haben wir hier oben schon Stürme, Frost oder Schneeschönheiten bewundert und ausgehalten! Zudem können wir als SWR-Mitarbeiter mit unserem Dienstwagen zum Drehen stets nach oben fahren. Das geht schnell, wir müssen keinen Fußmarsch hinlegen und bekommen so ruckzuck von oben immer sensationelle Bilder – wenn wir nicht, was auch schon des Öfteren passiert ist, in der Nebelsuppe feststecken. **Michael Kögel**

Bilder linke Seite: Hegauvulkane – Hochblauen – Hessigheimer Felsengärten – Hohenstaufen – Horn am Bodensee – Hornisgrinde

Ipf

Bei der kleinen Stadt Bopfingen, am Westrand des Nördlinger Ries, erhebt sich der Ipf. Schon die Kelten lebten auf diesem Berg. Vorchristliche Besiedlungen gaben ihm seine eindrucksvolle Form; die Wallgrabensysteme sind noch heute zu bestaunen. Auf den Berg kann keiner hochfahren – das ganze Equipment muss hier hochgetragen werden. Vom Ipf schweift der Blick in Richtung Osten über das Nördlinger Ries. Im Süden ist der Albtrauf zu sehen. Gewitter ziehen in der Regel südlich und nördlich des Berges vorbei, der 668 Meter (ü. NN) hoch ist. Der Wind pfeift oft ungestüm und weist auf die Verbundenheit mit den Naturkräften hin. Und wer sich dann auf die samtweiche Oberfläche der Wiese legt, dem steten Wind lauscht, wird ihn als Musik empfinden. Allgegenwärtig ist eine gewaltige Kraft und wer sich auf sie einlässt, ist an diesem mystischen Ort angekommen. Der Ipf ist ein magischer Platz! Vom Berg oben kann man besonders im Hochsommer hervorragend schöne Sonnenaufgänge über dem Ries beobachten. **Michael Kost**

Kaltenbronn

Es hat ein paar Jahre gebraucht, bis ich den Hohlohturm bei Kaltenbronn auf dem Schirm hatte. Mit ihm verbinde ich nach meinen unzähligen Besuchen vor allem zwei Dinge: eisige Kälte und fließenden Nebel. An bestimmten, meist windigen Tagen, sieht es vom Hohlohturm so aus, als würde der Nebel ins Tal fließen. Ganz geschmeidig, lautlos und elegant. Es sind die schönen Seiten des Winters und des Herbstes, die man vom 988,3 m hohen Hohloh, dem Berg im Nordschwarzwald, auf sich wirken lassen kann. Nur das dunkle und enge Treppenhaus des steinernen Turmes nervt beim Rauf- und Runtergehen etwas. Dabei ist stets höchste Vorsicht geboten, damit am Ende des Wetterdrehs keiner auf der Nase landet.
Michael Kögel

Katzenbuckel

Der Katzenbuckel im Odenwald bei Waldbrunn unweit von Eberbach ist für mich aus mehreren Gründen ein besonderer Ort: Vom Turm aus überblickt man einen wunderschönen Teil des Odenwaldes und kann an manchen Tagen fast bis nach Heilbronn schauen. Im Steinbruch des ehemaligen Vulkankegels funkelt der Kratersee und wenn man mal eine Runde um den Katzenbuckel läuft, eröffnet sich ständig eine neue Aussicht und sogar an einer Skisprungschanze kommt man vorbei. **Thomas Miltner**

Königstuhl

Der Königstuhl oberhalb von Heidelberg eröffnet einen einzigartigen Blick auf das Neckartal, das aus dem Odenwald heraus sich förmlich ins Rheintal Richtung Mannheim ergießt. Vom Turm des SWR-Senders Königstuhl reicht die Sicht bei gutem Wetter vom Katzenbuckel im Odenwald hinüber zur Bergstraße, weiter Richtung Frankfurt hinaus in die Rheinebene von Ladenburg nach Mannheim und Schwetzingen bis in den Süden Richtung Karlsruhe und zum Abschluss in den Kraichgau. Das Drei-Bundesländer-Eck ist von hier aus beeindruckend grenzenlos.
Thomas Miltner

Kornbühl

Der Kornbühl ist ein Bergkegel in der Nähe von Salmendingen. Auf dem Kornbühl steht die Salmendinger Kapelle, die von vielen mit der Wurmlinger Kapelle verwechselt wird. Der Aufstieg auf den Kornbühl fordert die Ausdauerfähigkeit. Die Aussicht aber ist Lohn für das Hochschnaufen. An klaren Tagen sind die Alpen zu sehen. Während der Schneeschmelze, Ende Februar, Anfang März bildet sich am Fuße des Kornbühls ein sogenannter Märzenbronn: ein großer See aus Schmelz- und Regenwasser. **Harry Röhrle**

Messelberg

Der Messelberg ist für mich der Paradeberg am östlichen Albtrauf. Über den Bergrücken führt der Wanderweg Nr. 1 des Albvereins. Der 734 m hohe Stöttener Berg am Nordrand der Schwäbischen Alb gilt als einer der traditionsreichsten Standorte der Windenergie in Deutschland: Seit 1957 gibt es ihn. Kommerziell für die Stromerzeugung wird der Standort jedoch erst seit dem Jahr 1997 genutzt. Wir Wetterreporter sind vor allem an windigen oder stürmischen Tagen an diesem exponierten Ort. Und wegen seiner einmaligen Felsnadel, dem Messelstein. Von da hat man einen tollen Blick hinüber zu den Drei Kaiserbergen und hinunter ins Lautertal. **Michael Kost**

Bilder rechte Seite: Ipf – Kaltenbronn – Katzenbuckel – Königstuhl – Kornbühl – Messelberg

Paradies

Das Paradies gibt es wirklich in Baden-Württemberg. Oberhalb des Breitenauer Sees, unweit des Weinortes Obersulm-Eichelberg, liegt es. Mitten in den Weinbergen. Es ist ein Gewann, das so bezeichnet wird. Über das württembergische Weinland schweift der Blick in Richtung Westen. Das kleine Flüsschen Sulm, das auch dem Tal seinen Namen gibt, fließt hier Richtung Neckar. Das Kraftwerk Heilbronn mit seinem Kühlturm ist gut am Horizont zu erkennen. Ausnahmsweise Mal lassen sich von hier auch schöne Sonnenuntergänge fotografieren. **Michael Kost**

Rinnental bei Sonnenbühl

Wer ein bisschen Extrem-Wetter erleben möchte, der ist hier genau richtig. Im Winter sind hier Temperaturen von –20 °C keine Seltenheit. Vor allem bei Hochdruckwetterlage und klaren Sternennächten. Manchmal sinkt das Thermometer sogar unter –30 °C (Rekord: –36,6 °C). Viele sprechen vom kältesten Ort Baden-Württembergs. Weil die Temperaturen hier so extrem sind, stehen hier einige Wetterstationen. Unter anderem von Klimatologe Roland Hummel, der hier zusammen mit der Gemeinde Sonnenbühl einen Klimaweg geschaffen hat. Mit vielen interessanten Details zum Wetter auf der Schwäbischen Alb. Unter anderem führt der Weg vorbei an der Doline Weidenwang, wo Roland Hummel eine Art »Wohnzimmer im Wald« eingerichtet hat. Ein ruhiges und sehr lauschiges Plätzchen. Selbst im Sommer kann es hier aber am Morgen Minusgrade geben. Direkt am Rinnental ist der sogenannte Kalkstein. Ein charakteristischer kleiner Hügel, der einen wunderbaren Blick über die Alb ermöglicht. Ab und zu grasen hier Schafe oder Ziegen und die Stimmung bei Sonnenaufgang ist beeindruckend. **Harry Röhrle**

Sandseele Reichenau

Hätten wir hier in Baden-Württemberg noch ein Meer, dann hätten wir wirklich alles, was möglich ist. An einem Ort aber kann kommt man sich vor wie am Meer. Manchmal auch wie in der Karibik. Am Westzipfel der Bodensee-Insel Reichenau ist das sogenannte Sandseele. Südlich der St. Peter und Paul Basilika in Reichenau-Niederzell. Ein feiner Strand, flaches Ufer und eine große Wasserfläche bis ans Schweizer Ufer. Das schafft ein Gefühl von Weite. Besonders schön sind dort die Sonnenuntergänge, wenn sich die Sonne im Bodensee spiegelt und langsam und farbenfroh hinter den Hegaubergen untergeht. **Harry Röhrle**

Stuttgarter Fernsehturm

Der Stuttgarter Fernsehturm ist ein Klassiker: architektonisch und natürlich als Aussichtspunkt. Vor allem für mich als Wetterreporter. Ob Sturmtief »Gerda«, grandiose Sonnenaufgänge oder mystische Nebelstimmungen – vom 216,6 m hohen Fernmelde- und Aussichtsturm ist man dem Wetter hautnah ausgesetzt. Auch weil er über allem thront und von weitem schon sichtbar ist. Immerhin kommt er auf eine Gesamthöhe von 483 m. Wie oft stand ich schon sprachlos auf der Plattform! Die Blicke sind schier unendlich von dort oben – ein Ort mit Suchtcharakter. Und als erster Fernsehturm der Welt ist er natürlich das Wahrzeichen der Stadt Stuttgart und des Südwestrundfunks. **Michael Kögel**

Turmberg

Lange Zeit bin ich an Karlsruhe-Durlach achtlos vorbeigefahren. Bis ich irgendwann mal vom Turmberg gehört habe. Ein beliebtes Ausflugsziel der Region, zudem der Hausberg und das Wahrzeichen von Durlach. Die Turmbergbahn fährt seit 1888 Gäste nach oben. Sie ist die älteste noch in Betrieb befindliche Standseilbahn Deutschlands. Aber mit ihr fahren wir eigentlich nie hinauf, sondern unterhalb des 28 m hohen Aussichtsturms ist gleich ein Parkplatz. Mit dem Auto geht es also auch. Der Turm aus der Stauferzeit gilt seit jeher als robust und wehrhaft. Von der Aussichtsplattform hat man eine 360-Grad-Rundumsicht auf die Rheinebene, auf Karlsruhe und auf den Schwarzwald. Sonnenaufgänge und Sonnenuntergänge sind von hier oben gleichermaßen zu sehen. Außerdem bläst uns hier oben oftmals auch der Wind um die Ohren. **Michael Kögel**

Zeller Horn

Es hat etwas von Caspar David Friedrich, auf dem Zeller Horn bei Onstmettingen zu stehen und Richtung Burg Hohenzollern zu schauen. Das Zeller Horn ist möglicherweise der schönste natürliche Aussichtsbalkon des Landes. Nach einer kurzen Wanderung vom Parkplatz beim Zollersteighof erreicht man den wild zerklüfteten Felsen. Dort sind Liegebänke fest installiert, um den landschaftlichen Genuss ganzheitlich zu machen. Die Wetterstimmungen sind manchmal atemberaubend. Wenn im Herbst rund um die Burg Hohenzollern Nebel wabert und nur die Burg wie ein Traumschloss über dem Nebelmeer herausragt. Oder der Sonnenuntergang am Abend oder der Sonnenaufgang, wenn die Sonne die Burg langsam in ein goldenes Licht taucht. **Harry Röhrle**

Bilder linke Seite: Paradies – Rinnental – Stuttgarter Fernsehturm – Turmberg – Sandseele Reichenau – Zeller Horn

Unsere Wettererlebnisse – hautnah und extrem

Harry Röhrle

Sommertag auf der Alb

Ein Sommer, wie er früher einmal war – 16. Juli 2013

»Manchmal hat man das Gefühl, die Jahreszeiten sind irgendwie durcheinandergeraten. Über +20 °C an Weihnachten (2015), Schnee Ende April (2016 und 2017) und einstellige Plusgrade Mitte Juni (2016). Wie schön, wenn es dann mal klappt mit dem standesgemäßen Wetter zur betreffenden Jahreszeit. Wie im Juli 2013. Wochenlang hatten wir in Baden-Württemberg Sommerwetter vom Feinsten. Genauso, wie ich es aus meiner Kindheit in Erinnerung hatte. Strahlend blauer Himmel, verziert mit ein paar Schönwetterwolken. Nicht zu kalt, nicht zu heiß und kaum extreme Wetterereignisse wie Starkregen, Hagel oder heftige Gewitter. Die kamen dann mit voller Wucht Ende Juli.

Dieser Dienstag jedenfalls passte perfekt in diese angenehme, klassische sommerliche Witterungsphase – und deshalb war sie Thema im Landesschau-Wetter. Das Naturbad in Albstadt-Tailfingen war die erste Station, denn was liegt näher, als einen Sommertag mit einem erfrischenden Sprung ins Wasser zu beginnen? An sich hätte aber ein leicht bekleideter Aufenthalt in diesem schnuckeligen Bad genügt, denn die Luft war an diesem Morgen doch sehr frisch – wir waren ja auch »auf dr Alb«. Den Kontakt mit dem natürlichen, weichen, ungechlorten Wasser ließ ich mir aber nicht nehmen. Aber nur ganz kurz, der nächste Drehort an diesem Sommertag wartete schon. Der Maisenbühl und das Teufelsloch oberhalb von Öschingen bzw. Talheim, zwei meiner Lieblingsplätze auf der Alb. Der Blick über die Streuobstwiesen bei Talheim bis zum Farrenberg ist jedes Mal eine Wucht. Der Blick in die Landschaft – genial. Dieses Kribbeln auf der Haut – Wahnsinn. Denn die Sonne zeigte, was sie draufhatte, und knallte förmlich vom Himmel. Aber der kühlende Ostwind hielt dagegen. Strich ganz leicht über die von der Kleidung unbedeckten Stellen. Ein Hammer-Gefühl.

»Die Sonne brannte heiß, als hätte sie's gewusst«, sang damals Peter Maffay in seinem 70er-Jahre-Hit »Und es war Sommer«. Tatsächlich hatte ich an diesem Tag meine Gitarre dabei und spielte während meiner Moderation das berühmte Gitarren-Intro. Spielte mich warm für unseren letzten Drehort: das Waldfreibad Öschingen. Die »Freibadfreunde Öschingen e.V.« betreiben dieses wirklich urige Bad auf privater Basis mit viel Engagement. Dieser Sommer sorgte für glückliche Gesichter. Zum einen bei

den Betreibern, denn das tolle Wetter lockte viele Besucher in das Bad. Zum anderen bei den Gästen, denn sie konnten schon vom Vormittag bis zum Abend die Wärme und das kühle Nass auf sich wirken lassen und voll ausnutzen.

Ich aber hatte einen Plan: Ich wollte in der gleißenden Sonne, nahe am Beckenrand, zusammen mit den Besuchern singen. Und tatsächlich fanden sich schnell ein paar Sängerinnen und Sänger, die ganz spontan mitmachen wollten. Ich holte meine Gitarre, positionierte die »Öschinger Freibad-Singers« effektvoll vor der Kamera und zusammen spielten und sangen wir ein Lied – ebenfalls aus den 70ern, das, textlich leicht verändert, zu diesem Tag passte wie keines: »Jetzt ist mal wieder richtig Sommer, ein Sommer, wie er früher einmal war …«

Dem Himmel so nah am Belchen

Das Hohelied eines Wetterreporters – 10. November 2015

»Über den Wolken«, sang einst Reinhard Mey und dieses Lied wäre auch der perfekte »Soundtrack« für das, was wir Wetterreporter manchmal auch am Boden erleben dürfen. Am frühen Morgen des 10. November 2015 war so ein großartiger Moment. Die Mitarbeiter der Belchenbahn hatten uns die Schranke geöffnet und wir konnten durch den dunklen Wald hinauffahren auf den Belchen im Südschwarzwald. Überall in Baden-Württemberg herrschte dichter Nebel. Auch die asphaltierte Straße, die sich durch den Wald nach oben schlängelt, lag im diffusen Nebelgrau.

Doch wie erhofft war die lange Gerade kurz vor der Bergstation unsere »Zielgerade«. Mit einem Schlag fuhren wir wie durch eine Wand und befanden uns plötzlich im zarten Morgenlicht. Noch ein paar Meter zu Fuß durch die kalte und feuchte Luft hinauf Richtung Gipfel und die passende Stelle gesucht. Perfekt! Was für ein Ausblick! Die Wolken- und Nebelwand fast auf Augenhöhe und zum Greifen nah.

Durch die leicht erhöhte Position reichte unser Blick über die wie ein Blumenkohl zerklüfteten Wolkenbatzen hinweg bis zur Sonne, die mit unglaublichen Farben über der Alpenkette aufging. Eine atemberaubende Aussicht, wie sie sonst wohl nur die Piloten der großen Verkehrsflugzeuge haben, wenn sie in mehreren Kilometern Höhe aus den Wolken in die klare Atmosphäre durchbrechen.

»... muss die Freiheit wohl grenzenlos ein«, heißt es bei Reinhard Mey weiter und genau das ist es, was man in diesem Augenblick empfindet.

Wir konnten gar nicht genug bekommen von dieser wundervollen Situation, dem »Himmel so nah zu sein«, zumal sich die Wolken ständig auf und ab oder auch mal ein wenig zur Seite hin bewegten. Ein Wabbern wie ein Tanz der »Watteballchen« und das Ganze angestrahlt mit einem sich permanent verändernden Licht. Schon oft standen wir auf einem Berg oder Turm über dem Nebelmeer, doch so speziell, so hautnah, so direkt auf uns zukommend, als ob wir gleich selbst von den Wellen aus Wasserdampf weggetragen würden, so hatten wir das eigentlich noch nie erlebt.

»... alle Ängste, alle Sorgen / Sagt man / Blieben darunter verborgen / Und dann / Würde was uns groß und wichtig erscheint / Plötzlich nichtig und klein«. Besser als es Reinhard Mey sang, kann man es wohl nicht ausdrücken.

Michael Kost

Schau-Schau

Wetterreporter über Heidenheim an der Brenz – 12. Mai 2006

SCHAU-SCHAU, so stand es mit großen Buchstaben auf der Ballonhülle. Extra zur Landesgartenschau in Heidenheim hatten die »Ballonfahrer« der BSG Hellenstein einen Ballon angeschafft. Der sollte natürlich von weit sichtbar auch als Werbeballon für diese Blumenschau auf der Ostalb Werbung machen. Am Tag der Eröffnung, dem 12. Mai 2006, war für uns dann in doppelter Hinsicht Großkampftag. Denn Thomas Miltner im Ballon und ich mit dem Ultraleichtflugzeug wollten am frühen Morgen, kurz nach Sonnenaufgang, in die Luft. Wir wollten für die feierliche Eröffnung der Landesgartenschau 2006 den Himmel über Heidenheim »putzen«. Zwei Wetterreporter gleichzeitig in der Luft, das benötigte eine präzise Vorgehensweise. Zum Glück war mein Fliegerkamerad und »Flügelmann« Peter Aigen für diese Idee zu gewinnen. Peter und ich sind seit über 20 Jahren gemeinsam viel mit dem Segelflugzeug unterwegs. Seite an Seite, »Flügel an Flügel«, daher der Name »Flügelmann«. Peter Aigen ist zudem auch Ballonfahrer. Es ist gut, wenn zwei Luftfahrer sich kennen und auch vertrauen. Für das Ballonteam mit Tomy Miltner, Kameramann Axel Stosch und dem Tontechniker Michael Karthäuser war es eine Premiere. Bei mir im Flugzeug saß Kameramann Detlev Tietz. Im Flugfunk hieß es an diesem Morgen: »Wetterreporter-Ballon ruft Wetterreporter-Flugzeug«. Das Wetter war am frühen Morgen ideal für eine Ballonfahrt. Pünktlich zum Sonnenaufgang um 5:45 Uhr startete ich auf dem Flugplatz in Elchingen. Die Tür war auf der Seite des Kameramanns ausgebaut, damit er besser filmen konnte.

Die Flugzeit zum Startplatz des Ballons, mitten im Heidenheimer Gartenschaugelände, dem Brenzpark, war nur

kurz. Doch der Ballon war zur verabredeten Zeit nicht startbereit. Ich musste einige Kilometer entfernt, über bewaldetem Gebiet, kreisen. Schließlich wollten wir die Heidenheimer Bürger so bald am Morgen nicht aus dem Schlaf reißen. Dann ging alles sehr schnell: Peter Aigen gab per Funk Bescheid, dass er abgehoben hatte. Der Ballon trieb, von einer sanften Brise getragen, genau auf die Heidenheimer Innenstadt zu. Die lag, inzwischen von den ersten Sonnenstrahlen angestrahlt, in einem schönen Morgenlicht unter uns.

Ich kreiste mit dem Flugzeug ständig um den Ballon. Der schwebte etwa 300 Meter über der Stadt. Der Zufall beziehungsweise der Wind wollte es, dass der Ballon nach Westen abdrehte und genau auf das Steinheimer Segelfluggelände – die Schäfhalde – zusteuerte. Nach etwa 50 Minuten Ballonfahrt landete Peter Aigen den Schau-Schau-Ballon wie ein Hubschrauber sicher auf dem Segelfluggelände. Ich flog wieder zurück nach Elchingen. Wir trafen uns eine Stunde später vor dem Clubheim der Ballonsportgruppe Hellenstein im Heidenheimer Teilort Schnaitheim. Natürlich wurden die Mitfahrer, wie es unter Ballonfahrern üblich ist, getauft.

Ein perfekter Start für die Landesgartenschau 2006 in Heidenheim. Natürlich waren wir in dem Jahr noch mehrere Male in Heidenheim zu Besuch.

Michael Kögel

Endlich Winter!

Auf der Hornisgrinde – 3. Januar 2017

»Ein extrem sonniger und sehr trockener Dezember liegt hinter uns. Wieder ein Jahreswechsel ohne Schnee auf den Bergen. Wieder ein SWR-1-Gipfelradio auf dem Feldberg in Grün statt in Weiß. Und das schon zum zweiten Mal hintereinander. Besonders hart trifft es die Liftbetreiber im Land. Das Weihnachtsgeschäft fällt 2016 ganz aus. Einzig allein der Skilift am Seibelseckle im Nordschwarzwald hat die vielen klirrend kalten Nächte im Dezember genutzt, um ausreichend Maschinenschnee zu produzieren. Es ist über Wochen hinaus der einzige Skilift in ganz Baden-Württemberg, der in Betrieb ist.

Die Winterfreunde sehnen sich nach Kälte und vor allem nach Schnee. Auch ich. Und siehe da – neues Jahr, neues Wetterglück. Erst kommt der Schnee, später dann die Kälte und das über einen ungewohnt konstant langen Zeitraum von knapp drei Wochen. Der Januar 2017 schreibt Geschichte und geht am Ende als einer der eisigsten Januarmonate in Baden-Württemberg ein.

Doch der Reihe nach. Am 3. Januar heißt unsere Geschichte: endlich Winter! Und was für einer, denke ich, als ich mit meinem Team von Bühlertal aus über die B500 (Schwarzwaldhochstraße) zur 1163 m hohen Hornisgrinde hinauffahre. Ein Traum in Weiß! Alles rings um uns herum: tief verschneit. Feinster Pulverschnee! Dazu ein stahlblauer Himmel und ein traumhafter Sonnenaufgang. Schöner kann ein Wintertag nicht beginnen. Leider weht, wie so oft auf der Hornisgrinde, ein eisiger Wind. Die Folge: Schneeverwehungen von gut einem halben Meter Höhe. Aber im gleißenden Gegenlicht sieht das natürlich sensationell aus, wenn der Wind den Pulverschnee verfrachtet. Wie ganz feine, kleine Diamanten, die über den Schnee kullern – so edel sieht das aus. Wir halten die Eindrücke mit unserer Kamera fest. Der Wind ist so verdammt kalt, dass ich nach nur zehn Minuten meine Finger kaum noch spüre. »Autsch, ist das kalt!«

Wir knipsen und drehen trotzdem wie wild. Verzaubert von dieser Stimmung und von dieser weißen Landschaft. Der Nordschwarzwald, Anfang Januar – ein Winter Wonderland! Das wollen wir natürlich unseren Landesschau-Zuschauern näherbringen. Denn unten in der Rheinebene liegt kein Schnee.

Also packen wir die Drohne aus, um auch von oben aus der Vogelperspektive noch Impressionen einzufangen. Wie immer ist unsere fliegende Kamera schnell in der

Luft. Über das Handydisplay können wir den Flug und die Aufnahmen kontrollieren.

Wir fliegen mehrmals hin und her – bis auf einmal der Funkkontakt zur Drohne abbricht und das Ding urplötzlich abstürzt. Mittenrein in einen tief verschneiten Wald. Erschwerend kommen hinzu, dass gut ein halber Meter Schnee liegt und dass das Gelände abschüssig ist. Wir fluchen heftig, machen uns auf die Suche, doch schnell wird klar: Das bringt nichts, wir verlieren zu viel Zeit. Also lassen wir die Drohne notgedrungen zurück und fahren weiter zum Mummelsee. Auch dort zeigt sich der Winter von seiner schönsten Seite. Bis zur Mittagszeit haben wir alles im Kasten, was wir brauchen. Schweren Herzens verabschiede ich mich vom tief verschneiten Nordschwarzwald und fahre nach Karlsruhe in den Schnitt. Es läuft alles, die Bilder sind der Wahnsinn. Es war die richtige Entscheidung, unter anderem auf die Hornisgrinde zu fahren. Da klingelt plötzlich mein Handy. Mein Kamerateam ist dran: »Wir sind nochmal zurückgefahren und haben nach der abgestürzten Drohne gesucht und sie tatsächlich gefunden!« Durch den Tiefschnee sind Martin und Konrad gestapft, haben sogar noch ein kleines Handyvideo von ihrer Suche gedreht und mir am Schnittplatz gezeigt. »Irre, dass ihr die Drohne noch gefunden habt, bei all dem Schnee!« Nichts ist kaputt, die Aufnahmen sind gut zu gebrauchen. So hatte dieser 3. Januar irgendwie zwei Happy Ends: Eine abhandengekommene Drohne und ein vermisster Winter sind beide zurück!

Baden bei Minusgraden

Ganzkörper-Kneipen extrem – 8. November 2016

»Das wird er nie machen« – so die einhellige Meinung des Landesschau-Sendungsteams an diesem sehr kalten Novembermorgen. Mein Redakteur Peter Kemnitzer sagte noch flapsig: »Nimm eine Badehose mit«, aber so wirklich glaubte er auch nicht daran. Um ganz ehrlich zu sein: Ich auch nicht! Das Ziel waren die sogenannten »Warmen Quellen« in Algershofen bei Munderkingen. Am westlichen Ortsrand liegt ein Weiher, der eher unspektakulär aussieht. Ein paar Bäumchen und viel leeres Feld drum herum. Dazu ein Holzhäuschen mitten auf dem See. Ein seltsamer Anblick und die Gewissheit: In diesem Weiher wird gebadet – nicht nur im Sommer, sondern auch an solch kalten Tagen wie heute. Denn die Quelle, die den Weiher speist, führt außergewöhnlich warmes Wasser, das aus sehr tiefen Gesteinsschichten stammt. Dort wird es von der Erdwärme aufgeheizt und dringt durch feine Spalten und mit konstant 16 Grad an die Oberfläche, wo es in einer Art Becken aufgefangen wird.

Aber was haben denn nun die wenigsten für möglich gehalten? Natürlich eine kleine Baderunde des Wetterreporters im Weiher. Das war meine Aufgabe für den heutigen Tag. Und sie war nicht leicht. Ich habe im November schon einmal im Bodensee gebadet, aber die Luft war damals fast zwanzig Grad mild. Welche Herausforderung heute vor mir stand, habe ich ganz intensiv gespürt, als ich mich in dem Holz-Badehäuschen für den Sprung ins Wasser umgezogen habe. Die Lufttemperatur gerade mal knapp ein Grad. Dazu ein ziemlich fieser Ostwind. Das fühlte sich auf der nackten Haut sehr frostig an. Aber ich wollte das jetzt durchziehen. Also raus aus dem Häuschen – barfuß und mit kurzer Badehose aber mit einem Funktionsshirt und rein ins Wasser. Wie toll sich das Eintauchen in 16 Grad warmes wohl anfühlen wird, wenn an meiner kalten Haut schon der kalte Wind nagt? Mein Kamerateam war bereit, den spannenden Moment festzuhalten.

Eine kleine Leiter erleichterte mir den Zugang zum Wasser. Und jetzt gleich würde angenehm temperiertes Wasser meine Füße umplätschern. Aber Nein!! Das Wasser war affig kalt. Von wegen 16 Grad. Das sind höchstens 14! Aber die Kamera lief schon, ich konnte jetzt nicht zögern, ich musste das Ding durchziehen. Also rein in die eisigen Fluten. Zügig. Sonst dauert die Szene nachher zu lang. Die Kälte drückte mir die Luft aus den Lungen, aber ich tauchte tapfer ein und das Herz schlug mir bis zum Hals. Ein paar Längen sind es dann doch geworden, dazu ein paar Unterwasseraufnahmen mit der Action-Cam. Mein Kameramann hatte Erbarmen mit mir, denn die Szene war schnell im Kasten. Aber jetzt habe ich mich schon an das Wasser gewöhnt und nun soll ich gleich wieder raus in die Kälte? An den nassen Klamotten spürte ich die kalte Luft sofort und deshalb gönnte ich mir nochmal ein kurzes Bad. Direkt am Austrittbecken der warmen Quellen. Das war jetzt wirklich super angenehm, denn hier waren es tatsächlich 16 Grad. Nach einer kurzen Aufwärmphase musste ich mich aber wieder umziehen und da begann das große Bibbern. Die nasse Haut, der Wind, die kalte Luft. Das führte dazu, dass ich plötzlich begann, wirklich kräftig zu zittern, ohne dass ich es unterdrücken konnte. Erst, als ich im Auto saß, die Heizung aufdrehte, ebbte das Beben in meinem Körper ab. Zurück blieb die Gewissheit, etwas ganz Besonderes erlebt zu haben. Eine Bade-Tour im November. Das kommt nicht allzu oft vor.

Michael Kost

Dr Schlosspfarr'r von Neres macht's Wettr

Die »Härtsfeld-Schättere« und das Wetter – 11. August 2016

Das Härtsfeld ist bekanntlich eine der kühleren Regionen in Baden-Württemberg. »Hier oben ist es eben immer einen Kittel kälter!«, sagt der Ostälbler zu Gästen, die frierend mit leichten Schuhen und spärlich bekleidet im Juni die Naturschönheiten anschauen wollen. Solche Gäste suchen dann schnell einen Gasthof oder eine andere beheizte Behausung auf.

Die karge Landschaft hat aber einen besonderen Charme. Zum Beispiel die barocke Kirche der Benediktinerabtei Neresheim, ein Meisterwerk des berühmten Architekten Balthasar Neumann aus Würzburg. Kloster Neresheim ist immer noch Mittelpunkt auf dem Härtsfeld, der Hochfläche im Nordostteil der Schwäbischen Alb. Der Name Härtsfeld meint: hart, rau. Herzlich besorgt nannte König Friedrich I. von Württemberg die Gegend »mein Schwäbisch-Sibirien«. Kindern in den nahen Städtchen wie Bopfingen, Aalen oder Heidenheim wurde gern und oft erfolgreich gedroht: »Wer böse ist und die Eltern nicht ehrt, kommt aufs Härtsfeld.«

Fast immer weht ein rauer Wind über die Karstlandschaft, die seit Ewigkeiten trocken und dünn besiedelt war: 400 km^2 groß, heute ein Tipp unter Wanderern.

Die ehemalige Härtsfeldbahn erschloss die Region. Sie führte von Aalen in Württemberg ins bayerische Dillingen an der Donau. Die »Schättere«, wie die Bahn im Volksmund hieß, war von 1903 bis 1972 in Betrieb. Sie war sie der Anschluss der kargen und entlegenen Region an die große Welt. Bei Wind und Wetter fuhr der Zug. Dann wurde die Bahn stillgelegt.

Seit über 15 Jahren ist sie von Neresheim aus Richtung Dischingen wieder als Museumsbahn zu bestaunen. Ein Verein kümmert sich liebevoll um deren Wiederaufbau. »Maximalgeschwindigkeit 20 km/h«, steht an der Lok. Doch was hat das Kloster mit der Bahn zu tun? Viel, denn »dr Schlosspfarr'r von Neres macht's Wettr«.

Als Schlosspfarrer bezeichnete man früher den Pfarrer der Klosterkirche. Vor rund hundert Jahren gab es da einen Pfarrer Schips, dessen große Leidenschaft die Meteorologie

war. Es war sein Hobby, das Wetter vorherzusagen. Seine aktuelle Vorhersage verkündete er mithilfe einer Tafel und eines Wettersymbols am Prälaturgiebel des Klosters. Diese Symbole wurden zu Beginn des 20. Jahrhunderts an den Führerständen der Lokomotiven der Härtsfeldbahn angebracht und weiterverbreitet. Sie hatten eine Funktion: die Bekanntmachung der Wettervorhersage per Eisenbahn.

Genau so wurde bis zum Ersten Weltkrieg die Wettervorhersage von Pfarrer Schips an die umliegenden Orte entlang der Härtsfeldbahn weitergegeben, und so entstand auch der Spruch »Dr Schlosspfarr'r von Neres macht's Wettr«. Das Lokpersonal wurde dafür auch extra entlohnt, allerdings nur bei pünktlicher Ausführung.

Die Tafeln bedeuten im Einzelnen: Schönes Wetter/ Schlechtwetterneigung/Gutwetterneigung/Gewitter/Regen. Schließlich gab es damals ja kein Radio oder Fernsehen und wir Wetterreporter waren ja auch noch nicht geboren. Die Wettertafeln waren von 1902 bis kurz vor Ausbruch des Ersten Weltkriegs in Gebrauch.

Werner Kuhn, den Chef der Härtsfeld-Museumsbahn, kenne ich schon seit über 20 Jahren. Er hat die alten Schilder replizieren lassen. Sie hängen inzwischen für jeden Besucher zugänglich im Museum der Bahn in Neresheim, dem Heimatbahnhof und Ausgangspunkt der Härtsfeld-Museumsbahn. Seit 15 Jahren ist wieder Museumsbetrieb im Egautal. Immer im August feiern sie hier wieder ihr großes Bahn-Fest.

Harry Röhrle

Regen ohne Ende rund um Freudenstadt

Eine neue Dimension von Nass – 20. November 2015

Nach diesem Tag weiß ich, warum die Region um Freudenstadt/Baiersbronn in den Monatsbilanzen des Deutschen Wetterdienstes regelmäßig zu den regenreichsten gehört. Schon bei der Anfahrt zur ersten Dreh-Location goss es unaufhörlich vom Himmel und die Gewissheit wurde immer konkreter: Ich werde heute sehr, sehr nass. Wir sind zwar mit wetterfesten Jacken aus Funktionsmaterial ausgestattet, aber diesem massiven Schauer konnte die Jacke nicht standhalten.

In Dornstetten kurz vor Freudenstadt stellten wir uns zum ersten Mal an diesem Tag den Elementen. Von hier aus ist der Blick in Richtung Freudenstadt normalerweise ganz gut, aber heute war hier wirklich nichts zu erkennen, null Fernsicht. Der Wind verschärfte zusätzlich die Situation. Er beschleunigte die Regentropfen, die dann fast waagrecht gegen Gesicht und Körper prasselten und eben auch gegen Kamera und Linse. Während meiner ersten Moderation war ich ständig am Wischen, damit neben Regentropfen auch noch der Wetterreporter zu sehen und zu hören war. Das sah für den Zuschauer sicherlich witzig aus. Ein ständiger Wechsel zwischen Tuch über der Kamera, frischen Regentropfen und dem Wetterreporter, der dazu redet.

Das nächste Ziel war Freudenstadt und Deutschlands größter Marktplatz. Dort wollte ich Menschen befragen, wie sie denn dieses Wetter finden. Ob ihnen quasi schon Schwimmhäute zwischen den Fingern gewachsen sind. Meine Erkenntnis dieser Blitzumfrage: Die Freudenstädter/innen sind hart im Nehmen. Ihnen machte das Piss-Wetter nichts aus, trotzdem gierten sie natürlich selbst im November nach ein wenig Sonne.

Harry Röhrle

Sonnenaufgang auf den Härten

Der Moment, wenn das Land aufwacht – 21. Oktober 2010

Ich liebe Sonnenaufgänge. Diese Farbenpracht, die das Wetter in die Landschaft zeichnet und die Stimmung, wenn die Sonne über den Horizont kommt und damit der Tag beginnt. An jenem Donnerstagmorgen ist mir das besonders bewusst geworden.

Als Ort für unsere Aufnahmen haben wir eine Stelle auf den Härten ausgesucht. Ein Höhenzug zwischen Tübingen und Reutlingen, genauer gesagt zwischen Immenhausen und Wankheim. Eine Streuobstwiese mit ein paar schönen, knorrigen Bäumen und freiem Blick auf die Alb und in Richtung Sonnenaufgang.

Wenn wir Wetterreporter die Jagd nach einem Sonnenaufgang eröffnen, sind wir um eine Zeit unterwegs, wenn viele Baden-Württemberger noch schlafen. Und genau das macht den Reiz aus: Baden-Württemberg liegt noch so schön ruhig vor einem. Kein störendes Zivilisationsgeräusch. Kaum Autos, kaum LKWs, kaum Flugzeuge. Nur die Geräusche der Natur. Und dann die Sonne, die lautlos in dieser Ruhe langsam hinter dem Horizont erscheint. Die ersten wärmenden Sonnenstrahlen durchbrechen die Kühle der Nacht. Dieser Moment hat sehr viel Schönes und Magisches. Ich kann jedem empfehlen, einfach mal früh aufzustehen – auch wenn man es nicht muss –, rauszugehen und den Sonnenaufgang zu erleben. Das ist im Winter natürlich einfacher als rund um den Sommeranfang, wenn die Tage am längsten sind und die Sonne kurz nach 5 Uhr aufgeht.

An diesem Tag habe ich wieder gemerkt, wie schön ruhig so ein früher Morgen ist. Wie still Baden-Württemberg doch sein kann, bevor der Alltag über uns hereinbricht. Das Wetter lag mit der Farbgebung des Himmels an diesem Morgen genau richtig: Es war der Start in einen goldenen Oktobertag. Mein Foto ratterte unaufhörlich, denn diese Farbe war außerordentlich intensiv. Diese feinen Nuancen von Orange bis Gelb. Dazu noch die filigranen Grashalme, die einen passenden Vordergrund bildeten. Fertig war die komplette, ganzheitliche, wunderschöne Morgenstimmung. Ein großes Poster dieses phänomenalen Morgens hängt noch heute in meiner Wohnung.

Götterdämmerung am Bodensee

Wenn das Wetter unvergesslich wird – 12. August 2006

Unverhofft kommt auch nicht so oft. Es gibt natürlich auch die Tage, an denen nichts klappen will. Auch der 12. August 2006 schien so einer zu sein. Die Chancen auf einen freundlichen Start in den Tag waren am Abend zuvor noch recht gut gewesen, doch am frühen Morgen herrschte ein eher trübes und langweiliges Wetter am Bodensee bei Radolfzell.

Wolken und Hochnebel waren so dicht, dass wir zunächst beschlossen, erst einmal einen Kaffee trinken zu gehen. Doch auch das leckere Heißgetränk und eine Butterbrezel (Journalisten-Grundnahrungsmittel) konnten die graue Wetterstimmung nicht vertreiben. Egal. Dann wollten wir eben erzählen, wie sich spektakulär gleich mehrere Wolken- und Nebelschichten ausgerechnet über dem Süden des Landes übereinander geschoben hatten und warum es sich an diesem Sommertag fast ein wenig nach Herbst anfühlte. Wir fuhren zu einem schönen Platz direkt neben Segelschule und Reitverein und wollten dort einige Bilder für unseren aktuellen Wetterbeitrag machen. Der Rest würde sich im Laufe des Vormittags ergeben, wobei uns klar war: Preisverdächtig schöne Bilder waren an diesem Tag nicht zu bekommen. Klein Problem, Improvisieren gehört bei uns zum täglichen Handwerk und interessant werden kann es trotzdem noch. Mit aller Gelassenheit standen wir zu dritt am Ufer, fast wie Angler, die geduldig darauf warten, dass vielleicht etwas anbeißt. Was dann passierte, werde ich nie vergessen.

Nichts deutete darauf hin, dass sich etwas ändern könnte, doch von einem auf den anderen Moment begann die Wolkendecke zu leuchten. Die ersten Lücken taten sich auf und die Sonnenstrahlen durchdrangen das Grau auf eine unbeschreiblich schöne Art und Weise. So ein göttliches Licht hatte ich zuvor nie gesehen. Der atemberaubende und wilde Himmel spiegelte sich auf der absolut glatten Wasseroberfläche und Kameramann Jürgen drehte völlig sprachlos und, wie er selbst später sagte, fast wie in Trance, so viel er nur konnte. Uns war klar, jeden Moment konnte es wieder vorbei sein, doch es schien sich sogar noch zu steigern. Die Holzpfosten der Bootsstege bildeten einen skurrilen Vordergrund für ein Licht-

Thomas Miltner

Götterdämmerung am Bodensee

Wenn das Wetter unvergesslich wird – 12. August 2006

Unverhofft kommt auch nicht so oft. Es gibt natürlich auch die Tage, an denen nichts klappen will. Auch der 12. August 2006 schien so einer zu sein. Die Chancen auf einen freundlichen Start in den Tag waren am Abend zuvor noch recht gut gewesen, doch am frühen Morgen herrschte ein eher trübes und langweiliges Wetter am Bodensee bei Radolfzell.

Wolken und Hochnebel waren so dicht, dass wir zunächst beschlossen, erst einmal einen Kaffee trinken zu gehen. Doch auch das leckere Heißgetränk und eine Butterbrezel (Journalisten-Grundnahrungsmittel) konnten die graue Wetterstimmung nicht vertreiben. Egal. Dann wollten wir eben erzählen, wie sich spektakulär gleich mehrere Wolken- und Nebelschichten ausgerechnet über dem Süden des Landes übereinander geschoben hatten und warum es sich an diesem Sommertag fast ein wenig nach Herbst anfühlte. Wir fuhren zu einem schönen Platz direkt neben Segelschule und Reitverein und wollten dort einige Bilder für unseren aktuellen Wetterbeitrag machen. Der Rest würde sich im Laufe des Vormittags ergeben, wobei uns klar war: Preisverdächtig schöne Bilder waren an diesem Tag nicht zu bekommen. Klein Problem, Improvisieren gehört bei uns zum täglichen Handwerk und interessant werden kann es trotzdem noch. Mit aller Gelassenheit standen wir zu dritt am Ufer, fast wie Angler, die geduldig darauf warten, dass vielleicht etwas anbeißt. Was dann passierte, werde ich nie vergessen.

Nichts deutete darauf hin, dass sich etwas ändern könnte, doch von einem auf den anderen Moment begann die Wolkendecke zu leuchten. Die ersten Lücken taten sich auf und die Sonnenstrahlen durchdrangen das Grau auf eine unbeschreiblich schöne Art und Weise. So ein göttliches Licht hatte ich zuvor nie gesehen. Der atemberaubende und wilde Himmel spiegelte sich auf der absolut glatten Wasseroberfläche und Kameramann Jürgen drehte völlig sprachlos und, wie er selbst später sagte, fast wie in Trance, so viel er nur konnte. Uns war klar, jeden Moment konnte es wieder vorbei sein, doch es schien sich sogar noch zu steigern. Die Holzpfosten der Bootsstege bildeten einen skurrilen Vordergrund für ein Licht-

und Wolkenspektakel, das uns völlig euphorisierte. Man wollte keinen Moment verpassen und zugleich brannte man darauf, sich auf dem Kameramonitor alles sofort anzuschauen. Ob es auch für die Zuschauer am Abend ebenso beeindruckend wirken würde? Unglaublich, wie sich die Wolkenpakete verschoben und so das Licht in gold- und silberfarbene Strahlen aufspalteten. Die Szenerie glich ein wenig einem überdimensionalen Landschaftsbild eines surrealistischen Malers, der opulent Farben mischte, die es so in der Natur gar nicht gab. Doch es war echt, kein Photoshop, keine Bildbearbeitung, Natur pur von ihrer allerschönsten Seite. Niemals hätte ich an diesem trüben Tag noch mit so einem »Bilder-Rausch« gerechnet. So unverhofft kommt es allerdings auch nicht oft. Nach diesem »gewaltigen« Eindruck brauchten wir jedenfalls gleich noch mal einen kräftigen Kaffee.

Michael Kost

Auf dem heiligen Berg Oberschwabens

So eine Morgenstimmung habe ich noch nicht erlebt! 23. November 2016

Die Wettervorhersage war eigentlich klar: Die ganze letzte Novemberdekade 2016 war von einer sehr starken Föhnwetterlage geprägt gewesen.

Am Bodensee und im Allgäu wurden wenige Tage zuvor Rekordtemperaturen von +20 °C gemessen, während es unter der Nebeldecke im oberschwäbischen Pfullendorf nur maximal +4 °C hatte. Der Bussen schien mir also am Vortag das richtige und vielversprechende Ziel für einen guten Sonnenaufgang zu sein. Deshalb hat unser Planer Thomas Miller am 23. November 2016 auch das Kamerateam dorthin bestellt. Treff: 07:30 Uhr.

Da wir an dem Tag auch noch bei der Straßenmeisterei in Ehingen an der Donau einen Termin hatten, habe ich mich morgens zum Sonnenaufgang mit meinem Team auf dem nahe gelegenen Bussen verabredet.

Schon die Fahrt über die Schwäbische Alb in den frühen Morgenstunden ließ einen grandiosen Morgenhimmel erwarten. Es war sternenklar. Am östlichen Horizont gab es schon eine leicht rötliche Färbung, die von Minute zu Minute intensiver wurde. Alle paar Minuten veränderte sich der Lichtschein. Es war ja noch richtig dunkel und meine Laune war gut. Ich überlegte, was ich wohl als Erstes vor der Kamera sagen würde, und hatte die diversen Einstellungen meines Kameramanns schon vor meinem geistigen Auge. Nachdem ich an Hayingen vorbei immer näher Richtung Donau kam, wurde die Sichtweite schlechter.

Ab Obermarchtal war alles nur noch eine dichte Nebelsuppe. Natürlich hatte ich einen Plan B: Mein Team anrufen und möglichst schnell irgendeinen Standpunkt auf der Hochfläche der Alb aufzusuchen, um möglichst den Sonnenaufgang noch zu bekommen. Aber ich hatte kein Netz – mit dem Autotelefon war also nichts zu erreichen. Der Bussen liegt zwischen Riedlingen und Biberach. Der Ort, der am Fuß des Bussen liegt, ist Offingen, eine für den Donaunebel bekannte Ecke unseres Landes. Ich musst also durch die Nebelsuppe weiterfahren. Die Sicht betrug gerade mal 50 Meter und deshalb bin ich auch am Schild bei der Abzweigung hoch auf den Berg zunächst einfach vorbeigefahren. Was dann geschah, würde ich als mein persönliches Wunder vom Bussen bezeichnen: Keine 20 Höhenmeter unterhalb der Kirche riss die Nebelwand vor mir auf. Ich sah, dass mein Kamerateam schon dreht; das kleine Rotlicht an der EB-Kamera war im Morgengrauen gut zu sehen. Philipp Ledert hatte den Moment sofort erkannt und keine Sekunde auf mich gewartet. Vor uns und bei laufender Kamera hat sich ein Naturschauspiel ereignet, das ich so in den Jahren meiner Wetterreporter-Einsätze noch nicht erlebt habe. Im Jahresrückblick 2016 habe ich diesen Morgen als mein persönliches Highlight des Jahres 2016 beschrieben.

Wir hatten auf dem Bussen einen überwältigenden Ausblick über Oberschwaben bis zu den Alpen. Die Zugspitze war zum Greifen nahe. Wann hat man schon mal ein so nichtalltägliches Sonne- und Wolkenspiel zu bestaunen?! An den großen Wolkenlücken über dem Südosten des Landes war gut zu sehen, dass der Föhn auch am dritten Tag in dieser Novemberwoche noch blies. Ein allerdings sehr frischer Wind ließ die Temperaturen heute früh deutlich niedriger als +6 °C erscheinen. Ich hatte das Gefühl für die Zeit in diesem Moment verloren. Zwei Handwerker, die in der Kirche zu tun hatten, nahmen von dem Lichtspektakel nur kurz Notiz. Mit dem Handy machte ich 30 bis 40 Fotos und mein Kameramann Philipp drehte ohne Unterlass. Als ich meine Moderation machen sollte, überschlug sich vor Euphorie meine Stimme. Diese Moderation haben wir dann auch im Beitrag so gesendet

und Wolkenspektakel, das uns völlig euphorisierte. Man wollte keinen Moment verpassen und zugleich brannte man darauf, sich auf dem Kameramonitor alles sofort anzuschauen. Ob es auch für die Zuschauer am Abend ebenso beeindruckend wirken würde? Unglaublich, wie sich die Wolkenpakete verschoben und so das Licht in gold- und silberfarbene Strahlen aufspalteten. Die Szenerie glich ein wenig einem überdimensionalen Landschaftsbild eines surrealistischen Malers, der opulent Farben mischte, die es so in der Natur gar nicht gab. Doch es war echt, kein Photoshop, keine Bildbearbeitung, Natur pur von ihrer allerschönsten Seite. Niemals hätte ich an diesem trüben Tag noch mit so einem »Bilder-Rausch« gerechnet. So unverhofft kommt es allerdings auch nicht oft. Nach diesem »gewaltigen« Eindruck brauchten wir jedenfalls gleich noch mal einen kräftigen Kaffee.

Harry Röhrle

Ein Wintertag auf der Insel Mainau

Schnee, der auf Bambus fällt – 25. Januar 2010

Wer schon einmal an einem Sommerwochenende auf der Bodensee-Insel Mainau war, der weiß, was »voll« bedeutet. Alleine ist man dort nicht, selbst den entlegensten Winkel darf man sich mit Besuchern teilen. Das kann viel Schönes haben, ist aber nicht jedermanns Sache.

Tief »Ina« brachte Ende Januar 2010 Schnee bis in mittlere und tiefe Lagen und auch an das Ufer des Bodensees. Wobei der ja gar nicht so »tief« liegt: Die Blumeninsel Mainau etwa befindet sich auf einer Höhe von etwas über 400 m. An diesem Morgen jedenfalls war die Insel bedeckt mit einer schicken, frischen, weißen Schicht. Das kommt nicht zu oft vor. Aber ich muss sagen, dieser feine winterliche Überzug steht der Insel. Zusammen mit meinem Team fuhr ich auf die Insel und wanderte quer über sie hinweg. Die einzigen Spuren im nahtlosen Weiß! Denn wir waren zu diesem frühen Zeitpunkt die Einzigen auf der Mainau. Ich spürte sofort: Das ist jetzt etwas ganz Besonderes. Diese unbeschreibliche Ruhe, wenn der Schnee das Land bedeckt und die Geräusche dämpft. Das leichte Klopfen der kleinen Schneeflocken, die auf meine Wetter-

und waren nach dem 2. Weltkrieg auch noch fast überall in Europa anzutreffen. Die Fahrt zwischen Rottweil und Tuttlingen auf der Lok ging leider viel zu schnell vorüber.

Warum es gerade im Winter besonders schön dampft, ist übrigens recht einfach zu erklären. Das liegt an der Umgebungstemperatur. Im Winter, bei niedrigen Werten, kondensiert der Abdampf stärker und der Auspuff wird eher und stärker weiß. Im Sommer ist wegen der höheren Temperaturen dagegen nicht allzu viel vom Abdampf überm Schornstein zu sehen.

Thomas Miltner

Wenn Wassertröpfchen Kunstwerke erschaffen

Mein unvergesslicher Regenbogen von Sinsheim – 09. Juni 2012

Am Ende eines Regenbogens, heißt es, findet man mit viel Glück ein Töpfchen voller Gold. Wer weiß, was ich gefunden hätte, wenn ich an diesem magischen 9. Juni 2012 nur gründlich gesucht hätte.

Ich war nach dem Wetterdreh und Schnitt in Heilbronn auf dem Heimweg, als ich kurz vor Sinsheim zuerst eine riesige Regenwand und kurz darauf einen herrlichen Regenbogen entdeckte. Ich nahm die Ausfahrt zum Fußballstadion von 1899 Hoffenheim und fuhr ein Stück weiter Richtung Burg Steinsberg. Etwas unterhalb hatte ich dann den perfekten Aussichtspunkt: Vor mir spannte sich ein fast makelloser und extrem farbenprächtiger Regenbogen. Der tiefgraue Himmel dahinter Richtung Norden ließ den Spektralbogen noch deutlicher zur Geltung kommen. Ich schoss ein Foto nach dem anderen, denn so prächtig bekommt man dieses »physikalische Spektakel« auch nicht alle Tage zu sehen. Es wurde sogar noch besser. Während ein Regenbogen doch meist schnell verblasst, schien dieser immer kräftiger zu werden und es bildete sich sogar ein zweiter. Das Licht wurde zunehmend kontrastreicher und das unerwartete Naturschauspiel noch brillanter. Die Unterschiede zwischen Licht und Schatten wechselten auf beeindruckende Weise und die Kraichgau-Landschaft wirkte wie ein riesiges Gemälde. Ich hatte noch genügend Zeit, um das letzte Stück bis hinauf zur Burg zu fahren und von dort die komplette Weite zu bewundern. Der Regenbogen schien sich vom Neckartal über Sinsheim bis nach Heilbronn zu spannen. Was für eine Pracht, die erst nach fast 40 Minuten endete.

Für die Suche nach dem Goldtöpfchen war es da zu spät, aber so etwas Schönes sehen zu dürfen ist doch auch schon eine wertvolle Belohnung.

Michael Kögel

Der Orkan »Niklas«

Die Kraft des Windes – 31. März 2015

Und schon wieder eine Unwetterwarnung: Ein neuer schwerer Sturm fegt über Baden-Württemberg. Im Bergland muss mit Orkanböen gerechnet werden. Also nichts wie rauf zum Messelberg und nach Kuchalb, so ist unser Plan. Hier spüren wir auf über 700 m den strammen Wind hautnah. »Heute muss ich aufpassen, dass mir nichts um die Ohren fliegt«, so mein Einstieg ins Landesschau-Wetter. Denn es stürmt und pfeift, die Äste und Bäume wackeln bedenklich hin und her. Hoffentlich stürzen keine weiteren Bäume um, denke ich. Rund um den Messelberg liegen schon welche flach.

Wie immer an solchen Tagen habe ich natürlich meinen altgedienten Windmesser dabei, wie schon damals beim Sturmtief »Gerda« 2004 und »Orkan Kyrill« (2007). Kein elektronisches Hightechgerät, sondern ein klassischer Windmesser aus den 1980er-Jahren. Beim Windsurfen brau-

che ich den immer, damit ich einschätzen kann, wie heftig die Böen sind. Auch beim Wetter hat das Ding schon etliche Einsätze hinter sich. »Es sieht einfach besser aus, wenn sich was dreht und bewegt, als wenn man nur so eine langweilige Digitalanzeige in die Kamera halten kann.«

Orkan »Niklas« hat es in sich. Der Feldberg meldet an diesem 31. März Windspitzen von 151 km/h, gleich dahinter folgt der Windpark Stötten mit 137 km/h. Orkan! Und wir sind mehr oder weniger mal wieder mittendrin! Zu vergleichen ist diese Großwetterlage mit dem Spätwinter 1990, als Orkan »Wiebcke« in ganz Europa wütete und für 35 Todesopfer sowie Milliardenschäden sorgte. Da hat man natürlich gehörigen Respekt, wenn man bei solchen Windgeschwindigkeiten draußen unterwegs ist, fühlt sich aber trotzdem wie im Rausch. Wir warten noch eine stärkere Böe ab, wollen sie mit der Kamera einfangen, vielleicht doch noch einen umstürzenden Baum filmen. Wind und Wetter üben eine derartige Faszination auf uns aus, gerade an solchen stürmischen Tagen. Trotzdem sind wir vorsichtig, gehen kein unnötiges Risiko ein. Da wird man schon auch ein bisschen ehrfürchtig, vor der Kraft und Macht des Windes«, heißt es im Originalton des Beitrags.

Immer wieder schießt das Adrenalin hoch, wenn Orkan »Niklas« dunkle Wolken im Eiltempo über die Schwäbische Alb treibt. Es geht alles gut an diesem Tag, bis auf eines: Kurz vor Drehende zerbröselt es den großen roten Regenschirm meines Teams und leider auch meinen Windmesser. Wahrscheinlich war genau dieser eine Einsatz doch zu viel des Guten. Er hat ja auch schon etliche Jahre auf dem Buckel.

Orkan »Niklas« hat ihn jedenfalls auf dem Gewissen und ich schaue am Ende einfach nur bedröppelt aus der Wäsche. Allerdings froh und erleichtert, dass wir gegen Mittag heil nach Hause kommen!

Unwetter im Killertal

Ein Fluss macht seinem Namen tragisch Ehre – 2. Juni 2008

»Ich hatte ein ganz mieses Gefühl … Schon als ich am Nachmittag während des Wetterschnitts auf dem Radarbild das riesige Gewitterungetüm aus Richtung Südosten heranziehen sah. Ich fragte ziemlich besorgt unsere Meteorologen, die uns immer mit Informationen und den Texten für unsere Wetterkarten versorgen, was denn davon zu halten sei. Gewitter aus östlichen Richtungen sind ja bekanntlich immer eine Ecke gefährlicher. Aber der Kollege in München sagte: Alles halb so wild. Und auf meinen Einwand hin, dass dieses mächtige Gewitter doch auch noch von Südosten herangezogen komme, meinte er, dass die Gewitter laut Strömungskarte aus westlicher Richtung ziehen müssten.

Ich habe meine Wetterstücke sendungsfertig gemacht und bin dann Richtung Heimat aufgebrochen. Autobahn 81 hoch und über die B27 nach Hause. Auf Höhe der Burg Hohenzollern bei Hechingen schwante mir Übles: Hinter der Burg in Richtung Osten war der Himmel pechschwarz. Die ersten Regentropfen fielen, die ersten Blitze zuckten und ein heftiger Wind brach los. Ich holte schnell unsere damals noch vorhandene Bord-Videokamera und machte ein paar Aufnahmen des aufziehenden Unwetters. Schnell aber wurde es ungemütlich und der Regen immer stärker – sintflutartig. Ich fuhr dann weiter.

Nach ein paar Kilometern erreichte ich eine Stelle, von der aus die Burg Hohenzollern nochmal zu sehen war. In diesem Moment zog ein tief dunkelgrauer Schleier vor die Burg und verdeckte das Wahrzeichen der Hohenzollern. Zu diesem Zeitpunkt brach die Katastrophe über Jungingen und Schlatt im Killertal herein.

Von den steilen Hängen des engen Tals schossen die Fluten in den Ort. Enorme Mengen. Das Unwetter blieb über dem Tal stehen, zog kaum weiter. Die feuchtigkeitsschwangeren Wolken konnten an Ort und Stelle riesige Mengen Regen abladen. Die unvorstellbare Menge von 150 bis 200 Liter kam innerhalb kürzester Zeit auf einem Quadratmeter zusammen. Es war der gleiche Prozess, der acht Jahre später, Ende Mai 2016, in Braunsbach zu einer weiteren Unwetterkatastrophe führen sollte.

Das ansonsten ruhig vor sich hinplätschernde Flüsschen Starzel verwandelte sich durch die einschießenden Wassermassen zum reißenden und tödlichen Strom. Die Fluten waren zu stark für zwei Frauen, die mit ihrem Auto von der Starzel mitgerissen wurden. Und es endete tragisch. Die beiden Frauen überlebten die Unbill der Natur nicht. Außerdem wurde eine Frau in ihrem Keller von den

che ich den immer, damit ich einschätzen kann, wie heftig die Böen sind. Auch beim Wetter hat das Ding schon etliche Einsätze hinter sich. »Es sieht einfach besser aus, wenn sich was dreht und bewegt, als wenn man nur so eine langweilige Digitalanzeige in die Kamera halten kann.«

Orkan »Niklas« hat es in sich. Der Feldberg meldet an diesem 31. März Windspitzen von 151 km/h, gleich dahinter folgt der Windpark Stötten mit 137 km/h. Orkan! Und wir sind mehr oder weniger mal wieder mittendrin! Zu vergleichen ist diese Großwetterlage mit dem Spätwinter 1990, als Orkan »Wiebcke« in ganz Europa wütete und für 35 Todesopfer sowie Milliardenschäden sorgte. Da hat man natürlich gehörigen Respekt, wenn man bei solchen Windgeschwindigkeiten draußen unterwegs ist, fühlt sich aber trotzdem wie im Rausch. Wir warten noch eine stärkere Böe ab, wollen sie mit der Kamera einfangen, vielleicht doch noch einen umstürzenden Baum filmen. Wind und Wetter üben eine derartige Faszination auf uns aus, gerade an solchen stürmischen Tagen. Trotzdem sind wir vorsichtig, gehen kein unnötiges Risiko ein. Da wird man schon auch ein bisschen ehrfürchtig, vor der Kraft und Macht des Windes«, heißt es im Originalton des Beitrags.

Immer wieder schießt das Adrenalin hoch, wenn Orkan »Niklas« dunkle Wolken im Eiltempo über die Schwäbische Alb treibt. Es geht alles gut an diesem Tag, bis auf eines: Kurz vor Drehende zerbröselt es den großen roten Regenschirm meines Teams und leider auch meinen Windmesser. Wahrscheinlich war genau dieser eine Einsatz doch zu viel des Guten. Er hat ja auch schon etliche Jahre auf dem Buckel.

Orkan »Niklas« hat ihn jedenfalls auf dem Gewissen und ich schaue am Ende einfach nur bedröppelt aus der Wäsche. Allerdings froh und erleichtert, dass wir gegen Mittag heil nach Hause kommen!

°C
50
40
30
20
10
0
10
20

sade aussah, als hätte sie jemand mit dem Maschinengewehr zersiebt. Dazu beschädigte Dächer, Fenster und Rollläden.

Wie wohl unser Haus aussehen wird? Kurz gesagt: schlimm. Die Westfassade ebenfalls durchlöchert und abgefräst. Zum Glück hatten wir die Rollläden geschlossen, bevor wir nach Sigmaringen fuhren, denn mögliche Unwetter waren vorhergesagt worden. Diese Rollläden waren völlig durchlöchert, total zerstört, Dachziegel schwer beschädigt. Das Schlimmste aber: Unser Garten und unsere Obstbäume waren entstellt. Die Bäume entlaubt, wie nach einem Angriff mit Agent Orange. Die Früchte lagen am Boden, zerdellt und unbrauchbar. Das war's wohl mit Apfelkuchen und Apfelmus aus dem eigenen Garten. In unserer Straße eine ganz komische Stimmung. Zum einen fasziniert von dem, was man erlebt hatte, zum anderen schockiert, was das Erlebte zurückgelassen hatte. Das Unwetter war mit unglaublicher Geschwindigkeit aufgezogen. Das Getöse war infernalisch. Der Sturm hatte die noch tischtennisballgroßen Hagelkörner durch die Luft gepeitscht, sie flogen mit voller Wucht waagrecht gegen die Häuserfassaden. Etwa 20 Minuten dauerte der Sturm, danach war Ruhe. Die Superzelle zog weiter Richtung Reutlingen, richtete dort große Schäden an. In Grafenberg fielen tennisballgroße Hagelkörner vom Himmel. Fast alle Dächer und Dachfenster wurden beschädigt bzw. durchlöchert und boten keinen Schutz vor dem massiven Dauerregen am Tag danach.

Das Unangenehmste aber war die wochenlange und monatelange Stille. Das Unwetter hatte Tausende Singvögel und Kleinlebewesen getötet. Erst Jahre später erholte sich die Natur vollständig von diesen schrecklichen 20 Unwetterminuten. Und ich weiß nicht, ob ich froh sein kann, dieses Extremwetter verpasst zu haben oder ob ich traurig sein soll, dass ich dieses hoffentlich einmalige Ereignis nicht hautnah miterlebt habe.

Harry Röhrle

Unwetter im Killertal

Ein Fluss macht seinem Namen tragisch Ehre – 2. Juni 2008

»Ich hatte ein ganz mieses Gefühl ... Schon als ich am Nachmittag während des Wetterschnitts auf dem Radarbild das riesige Gewitterungetüm aus Richtung Südosten heranziehen sah. Ich fragte ziemlich besorgt unsere Meteorologen, die uns immer mit Informationen und den Texten für unsere Wetterkarten versorgen, was denn davon zu halten sei. Gewitter aus östlichen Richtungen sind ja bekanntlich immer eine Ecke gefährlicher. Aber der Kollege in München sagte: Alles halb so wild. Und auf meinen Einwand hin, dass dieses mächtige Gewitter doch auch noch von Südosten herangezogen komme, meinte er, dass die Gewitter laut Strömungskarte aus westlicher Richtung ziehen müssten.

Ich habe meine Wetterstücke sendungsfertig gemacht und bin dann Richtung Heimat aufgebrochen. Autobahn 81 hoch und über die B27 nach Hause. Auf Höhe der Burg Hohenzollern bei Hechingen schwante mir Übles: Hinter der Burg in Richtung Osten war der Himmel pechschwarz. Die ersten Regentropfen fielen, die ersten Blitze zuckten und ein heftiger Wind brach los. Ich holte schnell unsere damals noch vorhandene Bord-Videokamera und machte ein paar Aufnahmen des aufziehenden Unwetters. Schnell aber wurde es ungemütlich und der Regen immer stärker – sintflutartig. Ich fuhr dann weiter.

Nach ein paar Kilometern erreichte ich eine Stelle, von der aus die Burg Hohenzollern nochmal zu sehen war. In diesem Moment zog ein tief dunkelgrauer Schleier vor die Burg und verdeckte das Wahrzeichen der Hohenzollern. Zu diesem Zeitpunkt brach die Katastrophe über Jungingen und Schlatt im Killertal herein.

Von den steilen Hängen des engen Tals schossen die Fluten in den Ort. Enorme Mengen. Das Unwetter blieb über dem Tal stehen, zog kaum weiter. Die feuchtigkeitsschwangeren Wolken konnten an Ort und Stelle riesige Mengen Regen abladen. Die unvorstellbare Menge von 150 bis 200 Liter kam innerhalb kürzester Zeit auf einem Quadratmeter zusammen. Es war der gleiche Prozess, der acht Jahre später, Ende Mai 2016, in Braunsbach zu einer weiteren Unwetterkatastrophe führen sollte.

Das ansonsten ruhig vor sich hinplätschernde Flüsschen Starzel verwandelte sich durch die einschießenden Wassermassen zum reißenden und tödlichen Strom. Die Fluten waren zu stark für zwei Frauen, die mit ihrem Auto von der Starzel mitgerissen wurden. Und es endete tragisch. Die beiden Frauen überlebten die Unbill der Natur nicht. Außerdem wurde eine Frau in ihrem Keller von den

Wassermassen überrascht und ertrank. Das Killertal hat nun plötzlich eine ganz andere Bedeutung.

Das ganze Ausmaß wurde erst am Tag danach deutlich: Jungingen und Schlatt waren bedeckt mit einer Schlammschicht. Das Wasser stand meterhoch in den Häusern. Die Ortsmitte zerstört, verschlammt. Chaos.

Eigentlich wollte ich an diesem Tag als Wetterreporter ein anderes Thema behandeln, aber schnell war klar: Das Killertal ist Ziel des Landesschau-Wetterreporters. Schon bei der Anfahrt am Morgen auf Höhe Hechingen die ersten Spuren. Der Pegel der Starzel so hoch wie nie, das Wasser schoss immer noch durch das Bett und transportierte Baumstämme und anderes Zeug. Was wird mich wohl flussaufwärts erwarten? Die schlichte Antwort: Chaos, Verwüstung, unsägliches Leid. Es war das erste Mal, dass ich als Wetterreporter ein Unwetter-Katastrophengebiet besucht habe. Überall Schlamm – braun, schwer, stinkend. Menschen, die ihren verschmutzten und völlig unbrauchbaren Hausrat raus auf die Straßen stellten. Waschmaschinen, statt sauber und rein, versifft und verschlammt. Ein Junginger hat mir sein Cabrio gezeigt, das in der Garage stand und bis zur Dachunterkante vom Wasser der Starzel geflutet worden war. Totalschaden in der ansonsten schützenden Garage. Der Bürgermeister von Jungingen, Harry Frick, zeigte mir noch die örtliche Turnhalle. Durch die Flut war daraus ein Schwimmbad geworden. Der fast neue Boden war überzogen von Schlamm und Wasserpfützen. Hier stand das Wasser fast auf der gesamten Fläche.

Was ich aber immer wieder bewundere und was typisch ist für ein Unwetter-Katastrophengebiet: Es herrscht eine ganz bestimmte Ruhe, eine Emsigkeit bei den Menschen und eine riesengroße Solidarität. Schnell hat man das Schicksal akzeptiert, man hätte eh nichts dagegen machen können, quasi »scho bassiert«. Jetzt gilt es gemeinsam anzupacken, um sein Hab und Gut und den Ort wieder von den Überbleibseln des Unwetters und vom Chaos zu befreien. Tränen gab es aber trotzdem – mir gegenüber und vor der Kamera.

Immer wieder muss ich an Jungingen denken – nicht nur, wenn ich durch den Ort im Killertal fahre. Das Ereignis hat sich bei mir ins Gedächtnis für immer und ewig eingebrannt.

°C
50
40
30
20
10
0
10
20

und Wolkenspektakel, das uns völlig euphorisierte. Man wollte keinen Moment verpassen und zugleich brannte man darauf, sich auf dem Kameramonitor alles sofort anzuschauen. Ob es auch für die Zuschauer am Abend ebenso beeindruckend wirken würde? Unglaublich, wie sich die Wolkenpakete verschoben und so das Licht in gold- und silberfarbene Strahlen aufspalteten. Die Szenerie glich ein wenig einem überdimensionalen Landschaftsbild eines surrealistischen Malers, der opulent Farben mischte, die es so in der Natur gar nicht gab. Doch es war echt, kein Photoshop, keine Bildbearbeitung, Natur pur von ihrer allerschönsten Seite. Niemals hätte ich an diesem trüben Tag noch mit so einem »Bilder-Rausch« gerechnet. So unverhofft kommt es allerdings auch nicht oft. Nach diesem »gewaltigen« Eindruck brauchten wir jedenfalls gleich noch mal einen kräftigen Kaffee.

Harry Röhrle

Schneeschuhwandern auf dem Feldberg

Ein Gefühl von Südpol auf dem Dach des Landes – 18. Februar 2016

»Feldberg kann jeder« – so ein regelmäßiges Sprichwort bei uns Wetterjungs. Gemeint ist, dass es nichts Außergewöhnliches ist, auf dem Feldberg extreme Wettersituationen zu erleben. Sei es Schnee im Spätsommer oder Orkanböen. Trotzdem hat der höchste Berg Südwestdeutschlands allerhöchsten Reiz. Eben weil ich ab und zu extremes Wetter erleben möchte.

Dieser Donnerstag begann sehr früh, denn ein unbedeckter Himmel war angesagt, ein winterlicher Sonnenaufgang im Bereich des Möglichen. Aber nicht der Sonnenaufgang trieb uns in den frühen Morgenstunden auf den Feldberg, sondern eine geplante Tour mit Schneeschuhen rund um den Gipfel mit den ausgewiesenen Experten Claudia und Rainer Haas. Die beiden haben

ein Buch über Schneeschuhwandern mit den schönsten Touren im Naturschutzgebiet Feldberg/Schwarzwald veröffentlicht.

Wir trafen uns in stockdunkler Nacht am Haus der Natur. Mit dabei zwei Skidoos, die unser Equipment und das Kamera-Team zu den Drehorten brachten. Schnell noch die Skischuhe anziehen, Gamaschen überstreifen und los ging's. Das Erste, was mir an diesem Morgen auffiel: Rund um den Feldberg war es absolut windstill. Leider. Der Gipfel war in dichten Nebel gehüllt und kein Lüftchen, das diesen Nebel weggeblasen hätte. Den Sonnenaufgang konnten wir mangels Durchblick vergessen.

Die Wanderung im Dunkeln auf einer mächtigen Schneedecke, die nur von unseren Stirnlampen beleuchtet wurde, war spannend und einmalig. Ein Gefühl von Einsamkeit. Nur wir und der mächtige Feldberg. Langsam modellierte das beginnende Tageslicht Konturen in die Landschaft und wir wanderten weiter in Richtung Feldberggipfel. Aber nicht vorne zum Turm oder zum Bismarckdenkmal, sondern zum hinteren Gipfel, wo der Deutsche Wetterdienst seine Wetterstation hat.

Der Nebel hat uns zwar den Sonnenaufgang vermasselt, doch er hat Bäume, Schilder und Gebäude mit einer dicken Frostschicht überzogen. Die feinen Wassertröpfchen lagerten sich an Gegenständen ab. Auch an meinen Augenbrauen hingen schon Mini-Eiszapfen. Die Landschaft war mit einem Eispanzer überzogen. Das sah völlig abgefahren aus. Und wir durften durch diese bizarre Gegend wandern. Dann kamen wir oben am Rondell des Feldberggipfels an, durch den Nebel war das Gebäude des Deutschen Wetterdienstes nur schemenhaft zu erkennen. Ab und zu schaute tatsächlich ein wenig blauer Himmel durch den grauen Nebelschleier, aber der Durchbruch für die Sonne war das noch nicht. Erst später auf dem Rückweg gab es ein großes Finale: Die Sonne beschien die strahlend weißen Bäume. Ein würdiges Abschlusserlebnis für diese anstrengende, aber außerordentliche lohnende Schneeschuh-Tour auf das Dach Baden-Württembergs.

Michael Kost

Auf dem heiligen Berg Oberschwabens

So eine Morgenstimmung habe ich noch nicht erlebt! 23. November 2016

Die Wettervorhersage war eigentlich klar: Die ganze letzte Novemberdekade 2016 war von einer sehr starken Föhnwetterlage geprägt gewesen.

Am Bodensee und im Allgäu wurden wenige Tage zuvor Rekordtemperaturen von +20 °C gemessen, während es unter der Nebeldecke im oberschwäbischen Pfullendorf nur maximal +4 °C hatte. Der Bussen schien mir also am Vortag das richtige und vielversprechende Ziel für einen guten Sonnenaufgang zu sein. Deshalb hat unser Planer Thomas Miller am 23. November 2016 auch das Kamerateam dorthin bestellt. Treff: 07:30 Uhr.

Da wir an dem Tag auch noch bei der Straßenmeisterei in Ehingen an der Donau einen Termin hatten, habe ich mich morgens zum Sonnenaufgang mit meinem Team auf dem nahe gelegenen Bussen verabredet.

Schon die Fahrt über die Schwäbische Alb in den frühen Morgenstunden ließ einen grandiosen Morgenhimmel erwarten. Es war sternenklar. Am östlichen Horizont gab es schon eine leicht rötliche Färbung, die von Minute zu Minute intensiver wurde. Alle paar Minuten veränderte sich der Lichtschein. Es war ja noch richtig dunkel und meine Laune war gut. Ich überlegte, was ich wohl als Erstes vor der Kamera sagen würde, und hatte die diversen Einstellungen meines Kameramanns schon vor meinem geistigen Auge. Nachdem ich an Hayingen vorbei immer näher Richtung Donau kam, wurde die Sichtweite schlechter.

Ab Obermarchtal war alles nur noch eine dichte Nebelsuppe. Natürlich hatte ich einen Plan B: Mein Team anrufen und möglichst schnell irgendeinen Standpunkt auf der Hochfläche der Alb aufzusuchen, um möglichst den Sonnenaufgang noch zu bekommen. Aber ich hatte kein Netz – mit dem Autotelefon war also nichts zu erreichen. Der Bussen liegt zwischen Riedlingen und Biberach. Der Ort, der am Fuß des Bussen liegt, ist Offingen, eine für den Donaunebel bekannte Ecke unseres Landes. Ich musst also durch die Nebelsuppe weiterfahren. Die Sicht betrug gerade mal 50 Meter und deshalb bin ich auch am Schild bei der Abzweigung hoch auf den Berg zunächst einfach vorbeigefahren. Was dann geschah, würde ich als mein persönliches Wunder vom Bussen bezeichnen: Keine 20 Höhenmeter unterhalb der Kirche riss die Nebelwand vor mir auf. Ich sah, dass mein Kamerateam schon dreht; das kleine Rotlicht an der EB-Kamera war im Morgengrauen gut zu sehen. Philipp Ledert hatte den Moment sofort erkannt und keine Sekunde auf mich gewartet. Vor uns und bei laufender Kamera hat sich ein Naturschauspiel ereignet, das ich so in den Jahren meiner Wetterreporter-Einsätze noch nicht erlebt habe. Im Jahresrückblick 2016 habe ich diesen Morgen als mein persönliches Highlight des Jahres 2016 beschrieben.

Wir hatten auf dem Bussen einen überwältigenden Ausblick über Oberschwaben bis zu den Alpen. Die Zugspitze war zum Greifen nahe. Wann hat man schon mal ein so nichtalltägliches Sonne- und Wolkenspiel zu bestaunen?! An den großen Wolkenlücken über dem Südosten des Landes war gut zu sehen, dass der Föhn auch am dritten Tag in dieser Novemberwoche noch blies. Ein allerdings sehr frischer Wind ließ die Temperaturen heute früh deutlich niedriger als +6 °C erscheinen. Ich hatte das Gefühl für die Zeit in diesem Moment verloren. Zwei Handwerker, die in der Kirche zu tun hatten, nahmen von dem Lichtspektakel nur kurz Notiz. Mit dem Handy machte ich 30 bis 40 Fotos und mein Kameramann Philipp drehte ohne Unterlass. Als ich meine Moderation machen sollte, überschlug sich vor Euphorie meine Stimme. Diese Moderation haben wir dann auch im Beitrag so gesendet

und bewusst keine zweite, vermeintlich bessere gedreht. Das war der unbestrittene Höhepunkt der Föhnwetterlage. Denn von Stunde zu Stunde wurde der Föhnfluss im Südteil des Landes schwächer. »Von der Albhochfläche bei Ehingen an der Donau werden dann die Alpen sicher nicht mehr so klar wie heute zu sehen sein. Zudem frischt der Ostwind in den kommenden Tagen immer mehr auf!«, waren meine Worte auf den Wetterkarten.

So schön kann der November sein – bei Föhn. Vom heiligen Berg Oberschwabens aus war an diesem Morgen ein nichtalltägliches Sonnen-, Licht- und Wolkenspiel zu bestaunen. Das bunte Himmelsspektakel war jedoch nur von kurzer Dauer. Eine halbe Stunde, dann war es zu hell und wir mussten weiterfahren. Ehingen war das Ziel. Nur wenige Meter tiefer, entlang der Donau war von den Alpen dann nichts mehr zu sehen.

Der Bussen ist der heilige Berg Oberschwabens. Mit seinen 767 m über NN ist er weit und breit die höchste Erhebung. Er ist ein beliebtes Wanderziel, was auch mit dem atemberaubenden Ausblick zu tun hat. Deshalb ist er auch für uns ein wunderbarer Aussichtspunkt, um das Wetter zwischen Donau, Oberschwaben und Bodensee zu beobachten. Auf dem Bussen steht heute eine Kirche, deren Ursprünge auf das 9. Jahrhundert zurückgehen. Sie ist trotz Baumbewuchs von Weitem gut zu sehen. Bis heute ist der Berg eine Wallfahrtsstätte für religiöse Katholiken. Ich gehe oft gar nicht auf die Turm-Aussichtsplattform, sondern bleibe vor der Kirche stehen. Hier befindet sich eine in Messing gegossenen Karte, auf der man – je nach Blickrichtung und Sichtweite – gut erkennen kann, was man am Horizont sieht, denn die Alpen sind im Hintergrund bei guter Sicht klar erkennbar.

Das Licht der ersten Sonnenstrahlen lässt die Kirchenfenster golden erstrahlen.

Wenn man Richtung Süden schaut, erblickt man den Federsee. Bei gutem Wetter kann man bis zum Bodensee schauen. Eine idealer Ort, um das Wetter über Oberschwaben zu beobachten.

Michael Kögel

Barfußwanderung durchs Elztal

Mit allen Sinnen das Wetter spüren – 21. Mai 2014

Endlich haben wir Mai, unseren heißgeliebten Wonnemonat. Endlich eine kleine Hitzewelle, denken wir in der Redaktion. Da könnte man doch gleich die Schuhe ganz weglassen und den Frühling, die Natur und das Wetter quasi von Kopf bis Fuß, mit allen Sinnen genießen. Warum eigentlich nicht? Denn Barfußlaufen liegt stark im Trend. Deshalb treffe ich an diesem 21. Mai 2014 Sigi Wernet, einen Schwarzwälder, für den Barfußlaufen was ganz »Normales« ist.

Das Barfußwandern ist gesund und dient als angenehmer Ausgleich für schuhwerkgeschädigte Füße. Barfußlaufen ist das Laufen, Gehen oder Wandern ohne Fußbekleidung. Durch Barfußgehen wird der hochentwickelte Tastsinn der Fußsohlen gefördert, das allgemeine Körpergefühl gestärkt, die Fußmuskulatur trainiert sowie das Immunsystem verbessert, so die Definition!

Sigi Wernet hat extra für uns eine kleine Wandergruppe zusammengetrommelt. Bevor es losgeht, ziehen wir die Schuhe nicht an, sondern aus. Das Wetter ist herrlich, die Sonne scheint, die Temperaturen schon am Morgen angenehm warm. Also, keine Ausrede, die Schuhe am Ende doch anzulassen.

Jeder weiß, was Barfüßigkeit bedeutet. Während es früher üblich war, dass das einfache Volk barfuß ging, um Geld zu sparen, gingen die Reichen und Adeligen mit Schuhen durch die Welt. In Deutschland war es bei der Landbevölkerung auch noch in der Mitte des 20. Jahrhunderts üblich, dass die Kinder im Sommer barfuß gingen und so eine Hornhaut und gesunde Fußstellung entwickelten. Heutzutage sind Barfußgänger aber eher die Ausnahme, obwohl Orthopäden dazu raten, so oft wie möglich barfuß zu gehen. Doch obwohl dies bekannt ist, trauen sich viele Leute immer noch nicht, einfach barfuß zu laufen, da sie sich vor den Reaktionen der Umwelt fürchten. Aber es gibt auch eine Gegenentwicklung. So werden zum Beispiel Barfuß-Wanderkurse angeboten, Barfußpfade eingerichtet, die oft und gerne frequentiert werden und natürlich das berühmte Wassertreten von Sebastian Kneipp. In der Kneipptherapie wird aber auch auf taufrischen Wiesen, im Schnee oder einfach auf nassen Böden gelaufen, um Erkältungskrankheiten vorzubeugen.

Natürlich habe ich mich vorher eingelesen und auch Sigi erzählt uns einiges über das Barfußlaufen. Also, nichts wie los. Erst geht es über den Asphalt, das geht

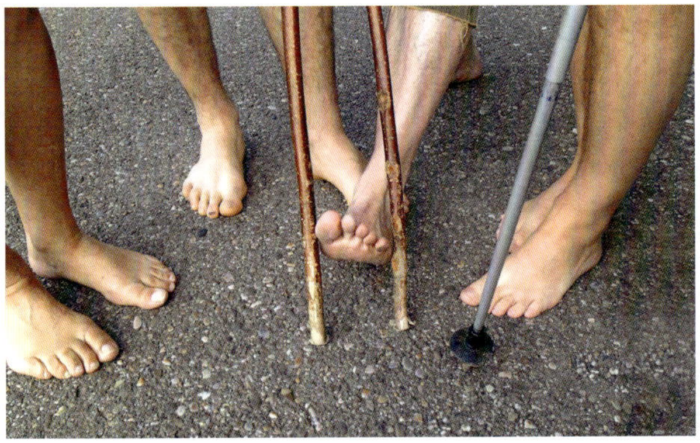

gut, dann über einen Feldweg, das funktioniert auch locker. Doch Sigi will es heute wissen und hat sich die Strecke genau ausgesucht. Wir sollen ja verschiedene Untergründe spüren.

Übrigens: Je früher mit dem Barfußlaufen begonnen wird, desto besser ist es, ganz besonders für Kinder. Es

entwickelt sich eine Hornhaut, die es später auch möglich macht, weite Strecken barfuß zurückzulegen und sogar Ausdauersport barfuß zu betreiben. Dieses Wissen treibt uns an. Außer mir sind nur erfahrene Barfußläufer mit dabei. Als es das erste Mal über Steine und unwegsames Gelände geht, müssen sie sich auch gleich mein Gejammer anhören. »Wetterreporter-Weichei«, ertönt es liebevoll von einem. Aber ich lasse mich nicht lumpen und beiße auf die Zähne. Immerhin ist ja schönes Wetter. Immer wieder müssen wir stehenbleiben, um mein Kamerateam vorbeizulassen. Sonst haben wir am Ende keine Bilder oder uns nur von hinten. Mittlerweile haben meine Füße schon einiges mitgemacht. Schnell gewöhnt man sich an die Tatsache, barfuß zu laufen, anders zu fühlen und zu empfinden. Man fühlt sich irgendwie freier. Anders als in Schuhen werden meine Füße aber mit jedem Höhenmeter wärmer. Klar, durch die direkte Reibung. Eine kleine Abkühlung wäre eigentlich nicht schlecht, denke ich. Als könnte Sigi Wernet Gedanken lesen, verrät er uns, dass wir in ein paar Minuten eine Erfrischung für unsere Füße bekommen. »Welche denn?«, frage ich neugierig. Er antwortet, »durchs Moor«, ausnahmsweise und auch nur, weil Du es bist!«

»Da vorne auf der grünen und saftigen Wiese, da werdet ihr im wahrsten Sinne des Wortes eintauchen. Eure Füße können sich förmlich festsaugen, also passt auf beim Laufen!« Und in der Tat, wir sinken ein in den feuchten und kühlen Moorschlamm: »Wunderbar, diese Erfrischung.« Es fühlt sich an wie eine Wellness-Anwendung unter freiem Himmel. Eine Wohltat für unsere Füße. Aber dreckig sind wir bis oben hin.

Doch Sigi gibt Entwarnung, nur noch ein paar Meter sind es bis zum Ziel, einem idyllisch gelegenen Schwarzwaldhof im Elztal. Dort erwartet uns ein Brunnen mit frischem Quellwasser, also nichts wie rein mit den Füßen und runter mit dem Dreck, denn ein deftiges Schwarzwälder Vesper für alle Mann wartet. »Hmmh, lecker!« Und so sitzen wir noch ein wenig zusammen, essen und quatschen über die erste Barfußwanderung meines Lebens. Probieren Sie es doch auch mal aus!

Harry Röhrle

Ein Wintertag auf der Insel Mainau

Schnee, der auf Bambus fällt – 25. Januar 2010

Wer schon einmal an einem Sommerwochenende auf der Bodensee-Insel Mainau war, der weiß, was »voll« bedeutet. Alleine ist man dort nicht, selbst den entlegensten Winkel darf man sich mit Besuchern teilen. Das kann viel Schönes haben, ist aber nicht jedermanns Sache.

Tief »Ina« brachte Ende Januar 2010 Schnee bis in mittlere und tiefe Lagen und auch an das Ufer des Bodensees. Wobei der ja gar nicht so »tief« liegt: Die Blumeninsel Mainau etwa befindet sich auf einer Höhe von etwas über 400 m. An diesem Morgen jedenfalls war die Insel bedeckt mit einer schicken, frischen, weißen Schicht. Das kommt nicht zu oft vor. Aber ich muss sagen, dieser feine winterliche Überzug steht der Insel. Zusammen mit meinem Team fuhr ich auf die Insel und wanderte quer über sie hinweg. Die einzigen Spuren im nahtlosen Weiß! Denn wir waren zu diesem frühen Zeitpunkt die Einzigen auf der Mainau. Ich spürte sofort: Das ist jetzt etwas ganz Besonderes. Diese unbeschreibliche Ruhe, wenn der Schnee das Land bedeckt und die Geräusche dämpft. Das leichte Klopfen der kleinen Schneeflocken, die auf meine Wetter-

jacke prasselten. Wieder einmal habe ich erfahren, welch einzigartige Stimmungen das Wetter schaffen kann.

Aber zu unserem Glück fehlte noch ein kleines Detail. Wenn man so möchte – das Sahnehäubchen für diesen Vormittag auf der Insel Mainau – passt ja zumindest farblich zu diesem Wintertag. Auf der Fahrt zum Dreh überlegten wir, ob es möglich ist, schneebedeckte Palmen zu sehen. Ich wusste, auf der Insel Mainau stehen Palmen, nicht in Kübeln, sondern festgewachsen in der Erde. Das mediterrane Klima macht es möglich, dass die südländischen Pflanzen prächtig gedeihen. Aber das Wetter war eben jetzt alles andere als sonnig, warm und südländisch. Wir wussten, wo die Palmen stehen, also schnell dorthin, im Schneeschauer. Aber waren die Schneefälle stark genug, um die Palmen mit einer weißen Schicht zu bedecken? Ja, sie waren es! Ein krasses Bild! Feuer und Wasser, Sommer und Winter, Schnee und Palmen. Das hatte fast schon etwas Poetisches. Aber genau das passte zu diesem Tag voller Ruhe und Behäbigkeit. Und – wann bekommt man schon Schnee auf Palmen zu Gesicht?! Dort, wo Palmen stehen, geht man hauptsächlich im Sommer hin, und selbst im Winter hat dort eine Schneeflocke Seltenheitswert. Aber bei uns in Baden-Württemberg ist eben alles möglich!

Michael Kost

Dampflokwetter mit der Zollernbahn

Bei Kälte und Hochdruckwetter dampfen sie schöner – 27. Dezember 2013

Im Dezember 2013 ging für mich ein Kindheitstraum in Erfüllung: Einmal auf einer richtig großen Dampflok mitfahren zu dürfen.

Meistens sind die Museumseisenbahnen nur im Sommer in Betrieb, bei den Eisenbahnfreunden Zollernalb ist das anders: In Rottweil werden von Weihnachten bis Dreikönig traditionell historische Dampflokomotiven in Betrieb genommen. Sie werden eingeheizt, um auf der schönen Schwarzwaldbahnstrecke Touristen zum Triberger Weihnachtszauber zu bringen. Unser Thema am 27. Dezember: »Schwarze Lok in weißer Winterpracht.« Das Wetterbild des Tages und ein echter Blickfang. Besonders wenn in kalter, klarer Winterluft die Dampfpilze in die Höhe schießen.

Mein Kameramann Jürgen Könner und ich durften ab Rottweil auf dem Führerstand der Lok mitfahren. Baureihe 52. Eine ehemalige Kriegslok, gebaut für den Russland-Feldzug. Die Führerhäuser dieser Lokomotiven waren auch hinten, zum Tender hin, geschlossen. Als Schutz gegen Eis und Kälte. Wir hatten es also recht warm im Führerhaus. Draußen war es kalt, um den Gefrierpunkt. Im Inneren der Feuerbüchse loderte das Feuer mit mehreren Hundert Grad Hitze. Immer wenn der Heizer die Feuertür öffnete, um Kohle nachzulegen, brannte meine Gesichtshaut.

Die Schwarzwaldbahn gehört mit ihren Tunnels und den beiden Kehrschleifen zu den wohl schönsten Bahnstrecken in ganz Europa. Zwischen St. Georgen und Triberg werden insgesamt 38 Tunnels befahren, dazwischen eröffnen sich immer wieder großartige Ausblicke auf das Schwarzwaldpanorama.

Lokomotiven der Baureihe 52 wurden einst in den Jahren 1943 bis 1945 in mehr als 8000 Exemplaren gebaut

Unsere Wettererlebnisse – heiter

Michael Kost

Der Wolkenabsorber

An diesem Tag muss es nicht unbedingt wahr sein – 1. April 2004

»Wetter unterhaltsam gestalten. Die Landesschau-Wetterreporter waren darin Pioniere im deutschen Fernsehen. Raus aus dem Studio, weg von der Projektionswand mit den Wetterkarten, rein ins richtige Leben. Wetter kann einen zum Weinen bringen, aber manchmal auch zum Lachen. Zumindest versuchen wir Wetterreporter unseren Zuschauern immer wieder ein Lächeln auf die Lippen zu zaubern. Man darf sich einfach nicht zu ernst nehmen. Deshalb sind wir in den vergangenen Jahren auch so oft in andere Rollen oder Kostüme geschlüpft.

Eine der ersten – und nicht ganz ernst gemeinten – Wetterreportertagen machten wir, wie kann es anders sein, am 1. April 2004. Harry Röhrle als Wissenschaftsjournalist und ich verkleidet in der Rolle als Prof. Albert Hügro. Das Thema: Es ist viel zu feucht in der Atmosphäre. Deshalb hat der »tüftelnde Professor« einen Wolkenabsorber entwickelt und konstruiert. Das war damals mein Auto – ein alter Lancia, der nur noch wenige Wochen TÜV hatte und in der SWR-Requisite zu einem Forschungs-Mobil umgebaut worden war. Damit sind wir dann von Stuttgart fast 100 Kilometer bis auf »meinen« Flugplatz nach Elchingen gefahren. Ohne Polizeikontrolle. Am Kühlergrill wurde vor Ort ein Ofenrohr befestigt. Darin kam eine Menge Trockeneis und eine Nebelmaschine zum Einsatz. Gefahren wurde auf der Startbahn des Flugplatzes, um den Eindruck einer Straße zu erwecken. Allerdings rückwärts. Der Qualm wehte aus dem Ofenrohr heraus.

Im Schnitt wurde der Film einfach umgekehrt. Das sah dann so aus, als würde der ganze weiße Rauch aufgesaugt werden – fertig war der Wolkenabsorber. Für die Zuschauer an diesem Abend des 1. April nicht sofort als Gag der Wetterreporter erkennbar.

Auf der Kamelfarm

Der tierische Rekordsommer 2003

In der Gluthitze des Rekordsommers 2003 habe ich eine »Dienstreise« in den Vorderen Orient unternommen: So kam es mir zumindest vor, denn nach wochenlanger Trockenheit und Hitze hatten wir bei uns in Baden-Württemberg Wüstenklima. Während meines Studiums in der Wüstenstadt Phoenix/Arizona habe ich zwar über 50 Grad Celsius erleben dürfen, aber das war eine trockene Hitze. Was die Folge und die Zahl an heißen Tagen angeht, war der Sommer 2003 gar nicht weit von Verhältnissen in der Wüste entfernt. Als Scheich Raldi al Stro-Chalm besuchte ich die Kamelfarm in Rotfelden bei Nagold und ließ mir erklären, ob es den Kamelen bei der Hitze besonders gut geht. Mein arabisch anmutendes Kauderwelsch, das natürlich kein richtiges Arabisch war, musste ich untertiteln.

Michael Kögel

Toupet-Wetter in Backnang

Oben ohne – nie wieder im Winter frieren? – 26. November 2009

Keine oder wenige Haare, das ist ein Markenzeichen von uns vier Wetterreportern. Also warum nicht eine Geschichte über Haare machen? Denn ich wollte unbedingt für den bevorstehenden Winter mal eine wärmende und wetterfeste Alternative zu meiner Mütze haben. Also nichts wie nach Backnang zur Firma Kerling, europäischer Marktführer für Perücken.

Nach eingehender Durchsicht mehrerer Echthaar-Toupetrohlinge entscheide ich mich nach einer intensiven Baratung für einen braunen »Fiffi«. Was umgangssprachlich für Toupet steht. Wie bei einem echten Friseur nehme ich also auf einem bequemen Sessel Platz, bekomme den Rohling auf den Kopf. Mein Team und ich müssen lachen, mit Haaren sehe ich echt komisch aus. »Wow – ein Scheitel, volles Haar«! Immerhin war ich seit über 20 Jahren nicht mehr beim Friseur, kein Wunder nach der Tortur mit dem Haarausfall, der schon mit 18 Jahren begann.

Der Experte der Firma schneidet und schneidet, hier noch etwas, da noch etwas. Langsam nimmt meine neue Frisur Konturen an. Wir flachsen, schauen immer wieder in den Spiegel. »Ist das Echthaar-Toupet wirklich atmungsaktiv und wärmend?«, will ich wissen. Prompt bekomme ich zu hören, »das ist fast wie eine Mütze, sie wird mit Ihnen eins!«

In der Tat, ich spüre das Toupet kaum auf meinem Kopf. Der Schnitt ist fertig, der Alltagstest draußen kann starten. »Backnang, 12:00 Uhr, Sonne, blauer Himmel und leichter Wind – die Frisur hält!« Glücklich stolziere ich über eine benachbarte Wiese und lächele in die Kamera. Die Stimmung bei uns allen ist prächtig, wir haben echt Spaß und natürlich viel zu lachen. Die Moderationen mit Haar – ungewohnt. Nach einem extrem lustigen und eher ungewöhnlichen Wetterdreh weiß ich: Auch wenn wir noch vier Wochen bis Heiligabend haben – für mich ist heute schon Weihnachten! Der neue Kopfschutz sitzt. Er hat sein Soll für diesen Wetterdreh voll und ganz erfüllt und aus mir zumindest für einen Tag lang einen völlig anderen Typ gemacht!

Tomy alias »Paco Ramon de Ramirez«

Thomas Miltner

Fußball und Wetter im Doppelpass – 30. Juni 2008

Immer wieder, wenn es sich anbot und es etwas »humorvoller« sein konnte, schlüpfte ich gerne in eine »kleine Rolle«. Mal als Schweizer Banker, als kurpfälzischer Handwerker, Indianerhäuptling, doppelter Boxer, als Urlaubsgast Jupp Kasulke aus dem Ruhrgebiet, oder an diesem 30. Juni 2008 als »der doppelte Wetterreporter«.

Als leidenschaftlicher Fußball-Fan, war das Finale der Fußball-Europameisterschaft am Tag davor natürlich die ideale Vorlage für eine Doppelrolle. Knapp, aber wie ich fand, verdient, hatte Deutschland gegen Spanien mit 0:1 verloren. Meine Idee stieß bei den Kollegen spontan auf Begeisterung. Gemeinsam machten wir uns ans Werk. Ich saß am Ufer des Bodensees in einem Ruderboot. Zunächst auf der linken Seite als Wetterreporter Tomy Miltner im Deutschland-Trikot. Danach mit dunkler Perücke und Schnauzbart auf der rechten Seite als mein »iberischer Wetterreporter-Kollege, Paco Ramon de Ramirez« mit dem Trikot der spanischen Nationalmannschaft. Die Idee war ein sogenannter »Split Screen« also ein »Doppelbild«. Dazu musste der Kameramann genau darauf achten, dass er etwa in der Bildmitte eine Achse festlegte, die ich trotz Bewegung und Gesten auf keinen Fall überschreiten durfte. Diese Grenze diente dann später im Schnitt dazu, die beiden getrennt gedrehten Bilder so zusammenzufügen, dass der Zuschauer in der Sendung eine scheinbar reale Szene sehen würde. Die Schwierigkeit war, im Hintergrund durfte sich nichts bewegen und auch am Himmel nichts verändern. Keine Wolke, kein Lichtwechsel. Das zweite Problem, ich musste beide Rollen so spielen, dass später zeitgenau Text, Bewegungen und Reaktionen der »beiden Wetterreporter« zusammenpassten. Die Enttäuschung von Wetterreporter Tomy und seine Begründungen, dass Deutschland nur verloren hatte, weil das Wetter nicht passte, weil es viel zu warm war.

Bei »Fritz-Walter-Regenwetter«, wie damals beim Wunder von Bern 1954, hätte Deutschland garantiert gewonnen. Und auf der anderen Seite, der Spanier Paco Ramon, der sich süffisant singend über den Sieg der Spanier freute und sich lustig machte. Schon beim Dreh merkten wir schnell, dass es funktionieren könnte. Ein wunderbares »Teamwork«, das schon im Schneideraum zu schallendem Gelächter führte. Denn beim ersten Ansehen der zusammengeführten Bilder wirkte der lustige Dialog absolut echt. Sogar manche Kollegen rätselten, wer denn der »zweite Typ« da im Bild war. Wer weiß, wenn das nächste Fußball-Duell gegen Spanien ansteht, ruf ich Paco Ramon de Ramirez mal wieder an, wenn ich bloß die Nummer finden würde …

Schneckenwetter

Spaß muss sein! – 1. Juni 2006

»Die meisten Menschen meckern im Moment ja ganz schön über das Wetter, aber wir Schnecken fühlen uns richtig wohl bei dem Regen und der ganzen Matsche!«

Das war mein erster Satz als lebende Schnecke vor laufender Kamera! Hineingepfercht in mein gehäkeltes, gelbes, hautenges Schneckenkostüm bin ich am 1. Juni 2006 bei der Schneckenexpertin Susanne Sailer zu Gast. In ihrem Garten in Sulz am Neckar. Es ist gerade eine feuchte Wetterphase, es regnet viel – die Schnecken vermehren sich und fressen sich durch die Gärten und die Salatbeete im Land. Eine Geschichte, wie für uns Wetterreporter gemacht.

Doch bevor es überhaupt dazu kommt, muss ich vor Ort erst einmal mein Kamerateam überzeugen. »In diesem Outfit willst du vor die Kamera? Ist das wirklich dein Ernst? Das können wir so doch nicht drehen!«

»Warum eigentlich nicht?«, frage ich. »Wenn, dann lachen die Leute doch über mich!« »Ok, dann also los«, sagen wir uns. Ich streife mir die Sachen über, ein gelbes Käppchen mit biegsamen Fühlern dran, den gelben Ganzkörperanzug und obendrauf kommt natürlich ein braun-weißes Schneckenhaus aus Schaumstoff. Entworfen haben das Kostüm ursprünglich unsere tapferen SWR-Schneiderlein für den Tigerenten Club, wo es auch in der ARD schon zum Einsatz kam.

Und dann geht es auch schon los mit meinem ersten Satz, mit meiner ersten Moderation als Schnecke. Die Situation ist diesmal einfach ganz anders als sonst. Wir setzen ein paar Mal an, müssen immer wieder lachen. Nach ein paar Versuchen haben wir die Moderation im Kasten, ab zum nächsten Drehort – ein paar Meter weiter zum Salatbeet. Hier kreuchen und fleuchen zahlreiche Nackt- und Weinbergschnecken natürlich mit Häuschen, so wie ich. Sie knabbern fleißig die Salatblätter ab. Susanne Sailer zeigt mir im Interview ihr Buch: »Pflanzen, die Schnecken mögen oder meiden sowie Abwehrtipps gegen Schnecken: Die ökologische Lösung des Schneckenproblems – Gartenspaß statt Schneckenfraß«. Klar, wir wollen unsere Zuschauer nicht nur unterhalten, sondern auch informieren. Nach zwei Stunden geht unsere kleine Reise an diesem Tag weiter, zum letzten Ziel, dem Wasserschloss von Sulz am Neckar. Bei der abschließenden Moderation habe ich mein Schneckenkostüm dann über dem Arm, damit wir langsam, aber sicher wieder zur Normalität kommen. Inhaltlich bleiben wir aber beim Thema, denn ein Wetterumschwung steht in den folgenden Tagen an, »hoffentlich läuft der aber nicht im Schneckentempo ab!«

Noch heute, elf Jahre danach, sprechen mich die Leute auf dieses ungewöhnliche Landesschau-Wetter an. Dem Regen, der Matsche, den Schnecken und unserem SWR-Kostümfundus sei Dank!

Harte Zeiten für Schneemänner!

Michael Kost

Aus einer spontanen Idee wird ein Dauerbrenner – 23. Dezember 2013

Zu dem Schneemann kam es kurz vor Weihnachten 2013. Alles war Grün, von Schnee weit und breit nichts zu sehen. Weiße Weihnachten waren am 23.Dezember nur ein frommer Wunsch. Rund um Bopfingen am Ipf sah in der Natur alles mehr nach österlichem Aprilwetter aus. »Uns fehlte einfach ein erstes durchgreifendes Schneeerlebnis«, so der Tenor meiner Moderation.

»So wie 2010 – aber das war ja schon sooo lange her...!« Schöne Bescherung – um die Schneemänner ist es einsam geworden, lautete der Text im Beitrag: »Früher, ja früher, da war alles besser, da gab es noch richtige Winter«. Einst hatten Schneemänner noch einen zweiten oder dritten Partner an ihrer Seite – Winter ade? Wenn dieses Wetter so weiter geht, werden sie bald alle verschwunden sein –

für immer!!! Auf den Beitrag kamen sehr viele Mails ins Studio. Fortan sollte ich immer vor Weihnachten das Kostüm im Fundus bestellen und bereithalten. Auch die Kollegen aus der Unterhaltungsredaktion sind darauf aufmerksam geworden – ich bin mehrmals bei Live-Sendungen im Weihnachtsprogramm damit aufgetreten.

Schnee und Kälte hatte es übrigens nie bei meinen Auftritten als Schneemann. Deshalb habe ich immer ganz schön schwitzen müssen!

Michael Kost

WM'le auf dem Kartoffelacker

Unser Sommermärchen 2006 – mit »künstlichem« Fritz-Walter-Wetter durch die freiwillige Feuerwehr!

2006 fand in Deutschland das so genannte Sommermärchen statt. Die Fußballbegeisterten werden sofort wissen, dass es sich damals um die Weltmeisterschaft handelte. Fußball und Wetter, zwei Dinge, die in Deutschland untrennbar sind. Schon seit 1954, als das legändere »Fritz-Walter-Wetter« die Deutschen zum ersten Mal zum Weltmeister gemacht hatte. Wir Wetterreporter planten deshalb für die Zeit der Fußball-WM im eigenen Land eine Aktion rund um den Fußball und das Wetter. Getauft haben wir die ganze Sache dann »WM'le«! Mehrere außer-

gewöhnliche Spielorte wurden gesucht: der höchste Sportplatz des Landes auf dem Herzogenhorn, eine Bodenseefähre. Gespielt haben wir Wetterreporter immer gegen eine örtliche Auswahl. Den Anfang machte aber ein Kartoffelacker bei Gauangelloch. Um eben das bekannte Fritz-Walter-Wetter und die Platzbedingungen nach einem Platzregen nachzustellen. Der Acker im Kraichgau wurde dann auch extra von der freiwilligen Feuerwehr unter Wasser gesetzt. Was dabei rausgekommen ist, war mit Worten nicht zu beschreiben. Die Bilder sprechen für sich.

Mittendrin – Wetter aus der Luft

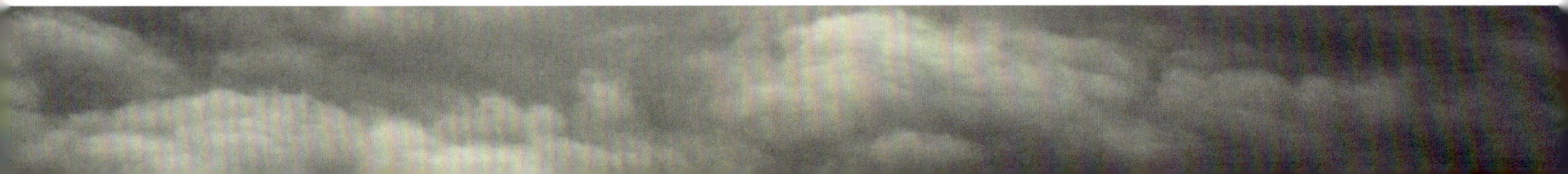

Ein Flug um die Wolkenberge nach einer Kaltfront

Michael Kost hat zwei Leidenschaften: das Fliegen und die Arbeit als Journalist. Der gebürtige Stuttgarter wollte als Jugendlicher schon immer zum Rundfunk. Wetterreporter ist er also nicht durch Zufall geworden. Seit seinem 14. Lebensjahr ist er leidenschaftlicher Segelflieger, mit 18 kam die motorisierte Fliegerei dazu, Motorsegler und Ultraleichtflugzeuge. Inzwischen besitzt er auch für diese Luftsportart die Fluglehrerberechtigung. Den Flugschülern vermittelt er gerne die Faszination Wetter. Allerdings braucht ein Pilot hierfür zwei entscheidende Charaktereigenschaften: Respekt und Demut!

Denn so schön eine mächtige Cumuluswolke von unten auch aussieht, aus dem Flugzeug offenbart sich erst ihre wirkliche Größe und die Energie, welche in ihr steckt.

Wir starten in der Regel vom Verkehrslandeplatz Aalen-Elchingen. Hier stellt uns mein Verein, der Luftsportring Aalen, gerne eine der Vereinsmaschinen zur Verfügung. Im Herbst und Winter bietet der Flugplatz Heubach eine perfekte Alternative. Denn der Nebel ist in Heubach nicht annähernd so zäh wie auf dem Härtsfeld. Von der Flugschule kann ich hier die DR-400 chartern.

Wetter spielt sich im Wesentlichen zwischen Himmel und Erde ab. Bis zu einer Höhe von rund 3000 m können wir aufsteigen. Inversionsschichten, Thermik, Warmfronten – mit dem Flugzeug wird Wetter zum gefühlten Erlebnis. Unsere Wetterflüge führen in das Herz von Wetterlagen. Mit einem kleineren Flugzeug kann man auch sehr gut spüren, was Thermik, also Aufwinde, so bewirken. Turbulenzen, die sind unangenehm, aber ungefährlich. Luftlöcher, wie es im Volksmund oft heißt, gibt es nicht. Luft gleicht Druckunterschiede schnell aus, so entsteht ja auch Wind. Gebiete, in denen ein solch niedriger Druck herrscht, dass ein Flugzeug »hineinfallen« könnte, kann es also gar nicht geben.

Für unsere Wetterreportagen fliege ich am liebsten vor dem Einsetzen der Thermik am Vormittag. Dann ist die Luft noch ruhig, und die Kameramänner können Bilder drehen, die nicht so verwackelt sind. Oder in der kalten Jahreszeit, ab September – da bildet sich keine richtige Turbulenz mehr.

Über Wolken zu schweben hat für mich immer etwas Erhabenes. Jahreszeiten sehen von oben nochmal ganz anders aus. Ob Richtung Taubertal oder Schwäbische Alb, die Farben der Landschaft machen den Unterschied. Sattes Grün ab April oder Mai, bräunliche Farbtöne mischen sich ab August dazu. Die bunten Farben im Herbst, wenn die Laubverfärbung einsetzt, sind ebenso fantastisch wie der Winter, wenn die Landschaft unter dem Schnee völlig anders aussieht.

Rund um den 20. Juni sind die Tage bekanntlich am längsten. Einen Sonnenwendflug zu machen ist für jeden Piloten ein Höhepunkt. Den Sonnenaufgang aus dem Flugzeug zu erleben. Oft haben wir es probiert, selten ist es uns geglückt. 2004 war so ein Jahr. Wir mussten dazu unter tiefen Wolken hindurch bis ins Nördlinger Ries hinaus fliegen. Durch die Wolken schoss plötzlich ein Son-

Leimen und im Hintergrund Heidelberg; Blickrichtung Norden.

Unten links: Albtrauf mit den Drei-Kaiser-Bergen; davor der Sender Aalen-Braunenberg.

Unten rechts: Den SWR-Kameramann Detlef Tietz haben auch turbulente Wetterflüge nie aus der Ruhe gebracht.

nenstrahl. Als hätte Petrus einen Scheinwerfer angeknipst. Kameramann Peter Dix jauchzte, Michael Kögel, der auch dabei war, war fassungslos vor Freude. So etwas sehen selbst erfahrene Piloten selten, weil sie bei so einer Wetterlage eigentlich nie einen »Sunrise-Flug« machen würden. Wir taten es.

Eindrucksvoll auch – der weite Blick über die Alpen im Winter 2006 bei recht frostigen –20°C in der extrem trockenen Luftmasse. Eine Sicht bis über die Polkappen, wie man als Flieger sagt.

Für Tomy Miltner und mich ein unvergessliches Erlebnis: der Flug über den Bodensee im Rekordsommer 2003. Mitte September ist die Mainau schon lang keine Insel mehr. Die Küstenabschnitte – in großen Teil verlandet. Nur aus der Luft ist das ganze Ausmaß der Hitzewelle rund um den See zu erkennen.

Mit dem Wetterflugzeug nach Mailand

Im Mai 2004 hatten Michael Kögel und ich eine verrückte Idee: Mailand mit dem Flugzeug. Doch nicht das Mailand. Die Metropole von Norditalien wäre dann doch mit dem Flugzeug etwas zu weit gewesen. Mit dem einmotorigen Flugzeug eigentlich kein Problem, etwa zweieinhalb Flugstunden würden wir brauchen. Doch am gleichen Tag muss auch noch geschnitten werden und der Beitrag soll ja pünktlich auf Sendung gehen. Da wäre dann Mailand in Italien doch ein wenig zu ambitioniert. Es gibt aber glücklicherweise ein Mailand auch in Baden-Württemberg. Genauer gesagt im württembergischen Allgäu. Nur wenige Hundert Meter südlich des Flugplatzes von Leutkirch. Also nix wie nach Mailand! Als Mitarbeiter einer öffentlich-rechtlichen Sendeanstalt muss natürlich alles seine Ordnung haben. Deswegen müssen wir vor jeder Dienstreise auch einen sogenannten Dienstreiseantrag ausfüllen und diesen zur Genehmigung dem Abteilungsleiter vorlegen. Ein Schelm, der Böses dabei denkt; wir wollten ja nur ein wenig provozieren. Denn als Wahl des Verkehrsmittels stand »Flugzeug« und der Zielort Mailand auch noch in fetten Lettern geschrieben im Formular. Der Abteilungsleiter, inzwischen seit einigen Jahren im Ruhestand, roch allerdings als Landeskenner den Braten.

Wir starteten in Aalen-Elchingen und landeten bereits nach 37 Minuten Flugzeit sicher in Leutkirch-Unterzeil. Für die restlichen 500 m Strecke unterstützte uns der hilfsbereite Fliegerkamerad Josef Kibele aus Leutkirch.

Im Herbst hätte vermutlich ein solcher Flug nach Leutkirch unter Umständen gar nicht durchgeführt werden können. Denn häufig herrscht dann im südlichen Baden-Württemberg speziell vormittags dichter Nebel. Allerdings sind gerade diese Nebellagen das »Salz in der Suppe«, die Wetterflüge so eindrucksvoll machen.

Die Inversionswetterlagen, Herbstimpressionen über der Schwäbischen Alb: Unten im Nebel sitzen die Menschen bei –4 °C und über 90 % Luftfeuchtigkeit. Oben, in rund 1000 m Höhe, ist es bis zu 15 Grad wärmer und die Sonne scheint. Wetterflüge sind im Herbst immer auch ein Lotteriespiel. Manchmal ist der Himmel klar und ich kann problemlos starten. Selbst nebelgeplagte Orte wie Heidenheim liegen dann im Sonnenlicht. Meistens hängen die Wolken tief oder es herrscht Hochnebel. Oft heißt es, Ruhe bewahren und den richtigen Moment abwarten, bis ein Start möglich ist.

Linke Seite oben: Im Rekordsommer 2003 über der Insel Mainau – Mitte September ist es schon lang keine richtige Insel mehr. Die Uferbereiche sind zum Großteil verlandet. So stark ist der Bodenseepegel gesunken.

Links unten: Nach dem Flug geht es per Anhalter weiter.

Rechts unten: Das Wetterteam mit Kameramann Martin Schmid in der »Jodel« nach der Landung in Leutkirch.

Aus dem Flugzeug ist gut zu sehen, dass an vielen Stellen der Bodennebel nur 20 bis 30 m dick ist. Für mich ist so ein Herbstflug hoch über dem Nebelmeer in der Sonne – bei +10 bis 15 °C – immer ein Erlebnis.

Im Sommer 2008 blickten wir aus unserem Flugzeug einer heraufziehenden Gewitterfront über der Ostalb buchstäblich ins Auge. Unter den Cumulonimbus-Wolken regnet es. Wie Gardinen sieht das aus dem Flugzeug aus. Die Faszination angesichts solcher Wolken ist das eine. Die Sicherheit geht da oben aber immer vor. Mit dem labilen Wetter ist in 2000 m Höhe nicht zu spaßen! Wir landen immer rechtzeitig.

Ob Rückseitenwetterlage, Herbstnebel oder der letzte Schnee am Feldberg – ein Wetterflug gleicht nie dem anderen. Selbstverständlich hat das Wetter einen nicht geringen Einfluss auf die Fliegerei. Bei schlechtem Wetter wird aber grundsätzlich nicht zur Startbahn gerollt. Schon vor dem Flug besorge ich mir die nötigen Wetterinformationen und prüfe die Wetterverhältnisse für die gesamte Flugstrecke. Schlechtwettergebiete werden um- oder überflogen. Michael Kost

Links: Bopfingen am Ipf unter den Wolken; Blickrichtung Norden.

Unten: Ortseinfahrt Mailand bei Leutkirch.

Der Albtrauf im Nebel eingehüllt. Schwacher Trost für die Menschen unten am Boden, doch die Nebeldecke ist manchmal nur zwischen 40 und 100 Meter dick.

Unten links: Burg Teck bei Kirchheim; unten rechts: Burg Hohenzollern ist auch aus der Vogelperspektive ein eindrucksvolles Bauwerk.

Start im Morgengrauen am 16. Juni 2017.
Ein Sonnwendflug ist immer ein ganz
besonderes Erlebnis.

Unsere Wetterpaten und Wetterexperten

Lesezeit: Winzer Michael Benz fährt mit dem Vollernter durch die Becksteiner Weinberge. Der Lohn eines ganzen Jahres wird im Herbst eingefahren.

Familie Benz, die Wetter-Winzer

Seine Werkstatt unter freiem Himmel zu haben, das ist nicht immer eine leichte Aufgabe. Oftmals ist dies mit viel Liebe, Leidenschaft, Aufwand, Glück, manchmal aber auch mit Leid und Schmerz verbunden. Das haben wir Wetterreporter mit eigenen Augen im Jahre 2015 erlebt. Unsere damalige Langzeitbeobachtung: das Weingut Benz in Beckstein bei Lauda-Königshofen. Ein Jahr lang beobachten wir Hubert Benz und seine Familie, mit welchem Aufwand sie für einen guten, qualitativ hochwertigen Jahrgang kämpfen.

Hubert Benz und seine Frau Renate entschließen sich daher in den 1990er-Jahren, aus der Ortenau wegzuziehen. Sie wollen ihr eigenes Weingut aufbauen und finden es in Tauberfranken. Sie erwerben es. Beckstein wird zu ihrer neuen Heimat, ihr Traum nach einigen Jahren wahr und das Weingut Benz zu einer bekannten und geschätzten Adresse in der Region.

Doch das Jahr 2015 werden sie wohl nie vergessen. Es geht als eines der trockensten Jahre in die Wettergeschichte ein. Vor allem in Tauberfranken regnet es über Monate hinweg kaum. Die Familie muss bewässern, Tag und Nacht. Mit einer aufwendig verlegten und teuren Tröpfchen-Bewässerungsanlage sorgen sie von Frühjahr bis zum Herbst dafür, dass ihre Rebstöcke nicht vertrocknen. Zusätzlich fahren sie mit dem Traktor Wasser in die Weinberge. Zum Glück haben sie einen riesigen Teich, der

von einer Quelle gespeist wird, sonst wären diese Maßnahmen irgendwann unbezahlbar. Doch selbst die Quelle versiegt 2015 irgendwann. Der Teich wird leerer und leerer! Teilweise liegen die Nerven blank, Verzweiflung macht sich breit. Doch der eiserne Wille, die Ausdauer und der familiäre Zusammenhalt machen den Unterschied aus.

Der große Aufwand und die vielen Mühen lohnen sich. Am Ende wird die Familie Benz mit einem Jahrhundertjahrgang belohnt. Die Sonne und die Hitze haben nicht nur für sehr hohe Öchslegrade, sondern auch für sehr gehaltvolle Weine gesorgt, wie sie mir bei einer kleinen Weinprobe im Keller Ihres Weinguts im Interview bestätigen. Ohne die Millionen Liter an Quellwasser wäre all das aber niemals möglich gewesen. Das wird über das ganze Jahr hinweg eindrucksvoll bei unseren 15 Besuchen in Beckstein deutlich.

In unseren Landesschau-Beiträgen und in einem Sonderformat von 30 Minuten versuchen wir genau das abzubilden und zu verdeutlichen, wie schwierig es sein kann, seine Werkstatt unter freiem Himmel zu haben. Denn selbst unser Wetter in Baden-Württemberg ist manchmal gnadenlos und unberechenbar. Michael Kögel

Familie Fehrenbach – der integrierte Wetterreporter

Ein idyllisch gelegener Hof bei Schwärzenbach unweit von Titisee-Neustadt. Seit über 350 Jahren steht er schon dort. Bewohnt von einer netten Familie – Mama, Papa, zwei Söhne und alle sind sie abhängig von den Launen des Wetters. Klar, dass wir Familie Fehrenbach auf dem Wilmershof zwischen 2012 und 2013 öfters besuchen mussten.

Matthias Fehrenbach ist Herr von 37 Rindern. 800 Liter Milch geben sie am Tag. Und Matthias ist sehr technikbegeistert. Deshalb werden die Kühe nicht mit einer herkömmlichen Melkmaschine gemolken, sondern von einer hochtechnisierten Version. Jede Kuh einzeln zu melken wäre ein zu großer Aufwand, deshalb steht direkt am Kuhstall eine vollautomatische Melkmaschine. Sie wird von den Kühen eigenständig besucht. Kuh rein, ein Laser sucht den Euter, Anzapfen und schon fließt Milch. Jede Kuh wird pro Tag auf diese Weise etwa um 20 Liter erleichtert. Die Kühe bekommen saftiges Gras von den eigenen Wiesen. Matthias holt immer wieder Frischfutter

Links: Hubert und Sohn Michael Benz haben in Tauberfranken noch nie solch ein trockenes Jahr erlebt wie 2015!

Rechts: Tag und Nacht wird Wasser in den Weinberg gefahren und bewässert. Vor allem die jungen Rebstöcke haben es nötig. Sie wurzeln noch nicht so tief in der Erde.

und verfüttert es direkt an die Kühe. Eine große Heulotterie: Wann kann er das Gras mähen und zwar zeitlich so genau, dass die Mahd ein paar Tage zum Trocknen liegen bleiben kann, ohne dass ein Schauer das Heu zunichte macht? Matthias muss sich jeden Tag mehrmals über das aktuelle und künftige Wetter informieren und dann seine Entscheidungen fällen: »Wir müssen schauen, dass wir die Rinder so oft und so lange wie möglich auf den saftigen und nährstoffreichen Wiesen lassen – vor allem im Herbst.«

Sechs Ferienwohnungen vermieten die Fehrenbachs an Gäste aus ganz Europa. Das ist die Haupteinnahmequelle. Auch in Sachen Feriengäste müssen die Fehrenbachs im Einklang mit dem Wetter leben. Ihnen bleibt ja auch nichts anderes übrig und sie machen das Beste daraus. Wenn die Feriengäste wegen des schlechten Wetters nicht ins Freie können – das kommt im manchmal recht rauen Schwarzwald häufiger vor als gewünscht –, dann wird mit den kleinen Feriengästen drinnen gebastelt, gemalt und gespielt. Das ist dann Andrea Fehrenbachs Teil. Regelmäßig bieten die Fehrenbachs Wanderungen rund um den Wilmershof an. Im Winter wird hinter dem Haus mit den Gästen gerodelt.

Bestes Wanderwetter rund um das Eckershäusle in der Nähe von Oberhöllsteig.

Einsame und schöne Schwarzwaldhöfe sind typisch für die Gegend rund um Titisee-Neustadt.

Bleiben wir in der kalten Jahreszeit. Darauf freuen sich Matthias und Andrea besonders, denn dann können sie ihrem Lieblingssport nachgehen: dem Langlauf. Die Gegend um ihren Hof ist meist schneesicher. Schon früh im Winter kann der Wilmershof unter einer geschlossenen Schneedecke liegen. »Am liebsten hätten wir mindestens einen halben Meter Schnee noch vor Weihnachten«, so Matthias. Dann fahren die beiden rauf zur Schwärzenbach-Loipe quasi direkt vor der Haustür. Einige der wenigen Momente, in denen Andrea und Matthias ungestört ihre Zweisamkeit genießen können. Sport ist großes Thema bei den Fehrenbachs. Matthias hat als Jugendlicher im Kader des Deutschen Skiverbandes Langlauf-Wettkämpfe bestritten und einige Medaillen gesammelt. Andrea ist ein Ausdauer-Tier. Im Winter macht sie Langlauf, im Sommer Langstreckenlauf. Sogar bei Wettkämpfen ist sie dabei. Das bekommen auch die Gäste zu spüren, denn regelmäßig geht sie mit ihnen joggen oder auf die Nordic Walking-Strecke. Oder die Fehrenbachs unternehmen ausgedehnte und anspruchsvolle Wanderungen durch den herrlichen Schwarzwald. »Das ist natürlich viel besser, als im Büro zu sitzen und zu arbeiten«, sagt Andrea. »Und wenn es dann auch noch den Gästen gefällt, umso besser.«

Kulinarisch hochwertig sind die Wanderungen immer. Meist gibt's eine zünftige Brotzeit. Beim Essen kennen sich die Fehrenbachs aus. Im Sommer rührt Andrea zwei Mal die Woche Eis an. Insgesamt 20 Sorten. Grundlage ist natürlich die Biomilch von den eigenen Kühen. Die restlichen Zutaten stammen aus der Region und sind voll bio. Abnehmer für das Eis sind Restaurants und Geschäfte in der Region und die eigenen Feriengäste. Die dürfen Eis schlotzen, wann immer sie wollen. Mit ihrem Eiswagen sind die beiden aber auch häufiger in Südbaden unterwegs, zum Beispiel auf Messen. Da freuen sich auch die beiden Jungs in der Familie – Marius und Moritz. Sie dürfen das frisch zubereitete Eis meist als Erste probieren. Die beiden Jungs müssen mit anpacken bei der täglichen

Ein herrlicher Sommertag: Wanderung mit den Feriengästen und Hund Condor im Südschwarzwald.

Arbeit. Wenn ein Sturm einen der Bäume im eignen Wald gefällt hat, rückt Matthias mit seinen beiden Söhnen aus, um ihn zu bergen. Marius und Moritz können beide mit schlafwandlerischer Sicherheit Geräte bedienen und auch die Traktoren fahren. Zum Beispiel beim Gras mähen und Heu machen. Einmal durfte ich einen kleinen Wettkampf mit Marius angehen. Der Nachwuchs-Landwirt mit dem Traktor, ich mit der Sense. Natürlich habe ich verloren, aber der Spaß war es wert. Und es gab in diesem Jahr viele lustige Momente mit den Fehrenbachs. Es waren Wetterproduktionen mit Familienanschluss. Harry Röhrle

Wolfgang Gmeiner – der Förster, der Wald und die vier Jahreszeiten

Einer der Wetterpaten der Landesschau-Wetterreporter ist Wolfgang Gmeiner, Revierförster aus Königsbronn-Zang bei Heidenheim. Mit ihm gelangen uns eindrucksvolle Einblicke in das Mikroklima Wald.

Es war ein Streifzug mit den Wetterreportern durch das Jahr 2010 und darüber hinaus. Fast zwanzig Mal haben wir Wolfgang Gmeiner in seinem Wald besucht. Er ist seither unser regelmäßiger Begleiter, wenn es um das Thema »Wetter und Wald« geht. Wenn man sich zu den verschiedenen Tages- und Jahreszeiten im Wald aufhält, stellt der Betrachter fest, wie sehr der Wald sein Aussehen im Jahresgang verändert. Deshalb gehört es zu den besonderen Naturerlebnissen, durch den Wald zu spazieren. Viele Pflanzen, Bäume und Sträucher – vor allem aber viele Tiere am Boden und in der Luft – kann man sehen und hören. Der Wald ist aber auch Arbeitsplatz und Wirtschaftsfaktor. Wir Landesschau-Wetterreporter konnten über ein Jahr gemeinsam mit dem Förster das »Abenteuer Wald« hautnah erleben.

Am schönsten ist es im Wald sicherlich im Frühling, wenn die Natur auch dort zu neuem Leben erwacht. Noch bevor die Blattknospen der Laubbäume anfangen zu sprießen, entfalten sich am Waldboden die Frühjahrsblüher. Bis zum Sommer bilden dann die Laubbäume ein dichtes Blätterdach, sodass es auch an heißen Sommertagen schön kühl im Wald ist und ein Waldspaziergang sehr erholsam sein kann.

Nachdem sich das Laub der Bäume vom Frühling bis zum Sommer von einem hellen Grün in ein dunkles Grün gefärbt hat, bringt der Herbst eine bunte Farbenpracht

Im Stadtwald von Königsbronn-Zang gibt es zu jeder Jahreszeit viel Arbeit.

Wolfgang Gmeiner ist immer für einen Gag zu haben.

mit sich. Der Herbst ist auch die Zeit der Pilze und gleichzeitig der unzähligen Waldfrüchte. Wenn die Laubbäume ihre Blätter abgeworfen haben, sind die Nadelbäume die einzigen Bäume, die nicht kahl im Wald stehen. Doch auch im Winter ist ein Waldspaziergang ein Erlebnis, denn wenn Schnee liegt, verwandelt sich der Wald in eine Märchenlandschaft. Jetzt kann man auch gut die Spuren vieler Tiere beobachten.

Wie hat sich der Wald in einem Jahr verändert? Welchen Ertrag hat das Holz gebracht? Und hat der Förster in seinem Wald und an seinem Baumbestand Zeichen der Klimaveränderung wahrgenommen? Baden-Württemberg hat 1,312 Millionen Hektar Wald. Das entspricht 38,1 % der Landesfläche. Der Staatswald von Revierförster Wolfgang Gmeiner steht beispielhaft für die vielen Forstflächen im Land.

Wir könnten den Lebensraum Wald im Wandel der Jahreszeiten bei unseren Besuchen wirklich gut abbilden. Aber auch den Wirtschaftsfaktor und nicht zuletzt die Menschen und Tiere, die in und mit ihm leben.

Der Kontakt zwischen den Landesschau-Wetterreportern und Wolfgang Gmeiner kam durch die langjährige Freundschaft und das Hobby von Michael Kost und Wolfgang Gmeiner zustande. Michael Kost, dessen Familie aus Heidenheim stammt, und Wolfgang Gmeiner sind seit ihrer Jugend begeisterte Segelflieger. Für Kost ist deshalb auch aus diesem Punkt Wolfgang Gmeiner ein »Glücksfall«: »Selten gibt es Fachleute, die zusätzlich auch noch so viel vom Wettergeschehen wissen und Ahnung haben!«

Wie bei Michael Kost wuchs bei Wolfgang Gmeiner das Interesse am Wetter bereits mit 14 Jahren. Neben seinem Heimatort bei Ellwangen gab es einen Segelflugplatz. Als Segelflieger begreift man sehr bald, dass nicht nur das korrekte Steuern des Flugzeuges zu lernen ist, sondern auch das Wissen über das Wetter. Denn längere Flüge oder Flüge über weitere Distanzen sind nur machbar, wenn man das Wetter und insbesondere die Thermikentwicklung, den eigentlichen Motor des Segelflugzeuges, »lesen« kann. Beim Theoriekurs zum Flugschein erfuhr Wolfgang Gmeiner die theoretischen Zusammenhänge. »Nach dem Abitur ergatterte ich dann einen der begehrten Plätze zum Forststudium«, erinnert er sich. »Wetter- und Klimakunde waren zwar kein Hauptfach, aber meine

Vorkenntnisse waren mir dennoch hilfreich!« Letztendlich aber kommt das Interesse am Wetter zwangsläufig, wenn man in einem Beruf in der freien Natur arbeitet. Ob Land- oder Forstwirt, Jäger oder Pilot. Mit dem Wetter zu leben ist schon eine besondere Sache. Zum einen gibt es das Wetter im Jahreslauf, einhergehend mit den Jahreszeiten und dem Wachstumszyklus der Vegetation. Zum anderen ist es das Wetter, welches der Mensch sich oder der Natur gerade wünscht. »Ob trockenes Wetter für die Pflegearbeiten in der Dickung, ob gefrorener Boden für die Holzrückearbeiten im Winter, oder sei es nur eine Woche Regen im Sommer, damit die Fichten wieder besser mit Wasser versorgt werden und die Käfergefahr wieder sinkt. Für den Jäger kommt neben dem Wind noch die Mondphase dazu!«

Mit dem hohen Zeitanteil, sich in freier Natur aufhalten zu dürfen und dabei das Wetter verfolgen zu können, steigt auch die eigene Erfahrung in Sachen Wetteranalyse. Mit den Jahren und mehreren Jahresabläufen im Vergleich ergibt sich so auch ein gewisses Gespür für den Klimawechsel.

Wolfgang schwärmt von seinem Leben als Förster draußen in der Natur: »Gerade die Jahreszeiten intensiv zu erleben, macht einen Beruf im Freien so kostbar. Das Auftauchen des ersten Zitronenfalters im Jahr macht für mich den nahenden Frühling aus. Der Hochsommer ist angezeigt, wenn der rote Fingerhut in den Fichtenschlägen blüht, und die Herbstfärbung des Laubwaldes ist jedes Jahr ein Erlebnis. Und der erste Schnee, ja, dann muss man raus zur Jagd!« Die Zeit während des Jahres als Wetterförster hat ihm erst recht bewusst gemacht, wie interessant es ist, den Menschen über das aktuelle Wetter und die Situationen im Wald zu berichten. Und den Zuschauer am Fernseher, der den Tag vielleicht nicht im Freien verbracht hat und das Wetter nicht hat erlebt können, davon zu begeistern.

Wir Wetterreporter besuchten ihn in fast allen denkbaren Situationen. Im Winter, als das geschlagene Holz mit schwerem Gerät abtransportiert werden musste. Im Frühjahr, als der Wald förmlich explodierte, bei der Bocksjagd im Mai. Schön waren natürlich auch die bunten Farben im Herbst. Wolfgang Gmeiner hat beeindruckt, wie die Kameraleute den Blick fürs Detail haben und diese tollen Stimmungen einfangen können. Michael Kost

Walter Gutemann – Ernte des Sturms in Hagnau

Es war der 26. Mai 2009. Ein schöner, warmer, sonniger Tag, der aber in einer Katastrophe endete. Diesen Tag wird auch Obstbauer und Winzer Walter Gutemann, Jahrgang 1965, aus Hagnau nicht so schnell vergessen. Am Nachmittag braute sich urplötzlich ein Unwetter zusammen. In Sekundenschnelle hatte sich ein Gewittersturm aufgebaut und war über den Bodensee hinweggefegt. Das Unwetter kam so schnell, dass sich viele Menschen nicht mehr in Sicherheit bringen konnten. In der Innenstadt von Friedrichshafen flogen Schilder, Tische und Stühle durch die Luft, Menschen wurden vom Blitz getroffen und zahlreiche Bäume entwurzelt. Das Schlimmste aber war der Hagel, der vom Sturm durch die Luft gepeitscht wurde – wie Kugeln, abgefeuert von einem Maschinengewehr.

Walter Gutemann ist geschockt über den total zerstörten Weinberg nach dem verheerenden Unwetter.

Diese Geschosse trafen auf das Apfel-Paradies Baden-Württembergs, auf die Weinberge des von Kennern angesehenen Bodensee-Weins. Mit verheerenden Folgen.

Am Tag nach dem Unwetter besuchte Wetterreporter Thomas Miltner unseren Obstbauern Walter Gutemann und seine Plantagen. Besser gesagt das, was davon übrig geblieben war. Ein Häufchen Elend. Die Apfelbäume entlaubt, die kleinen Früchte waren säuberlich von den Ästen getrennt und lagen auf dem Boden. Das Holz vom Hagel-Bombardement gesplittert, gelocht, verletzt. Der Weinberg bot ein Bild des Jammers. Die Weinstöcke standen nicht mehr vital in der Landschaft, sondern hingen völlig zerstört an den Spalierdrähten. Die frischen Triebe waren von den Hagelkörnern förmlich zerfetzt. Die Pflanzen sahen aus wie durch den Häcksler gezogen – kein einziges Blatt hing mehr.

Die Arbeit von Monaten, seine geliebten Früchte – innerhalb weniger Minuten dem Erdboden gleich gemacht. Das war zu viel. Selbst für so einen gestandenen Mann wie Walter Gutemann. Während des Interviews für die Landesschau begann er zu schluchzen, ihm stockten die Worte, Tränen schossen ihm in die Augen. Dann der

Romantischer Grillabend mit Feriengästen auf dem Hof von Gutemanns.

Die Bäume hängen voll mit knackigen Gala-Äpfeln. Die Ernte kann bald beginnen.

Satz, der uns alle unglaublich mitfühlen ließ: »Das Herzblut, das drinsteckt, kann man mit nichts gutmachen.«

Genau dieses Herzblut zeigt Walter Gutemann bei allem, was er anpackt. Im selben Jahr noch hat er auf seinem Grundstück, in schmucker Halbhöhenlage mit herrlichem Blick auf den Bodensee, einen Gastraum errichtet. Dort können die Gäste seiner Ferienwohnungen in gemütlicher Atmosphäre speisen. Walter Gutemann hat in dem neuen Gebäude einen ausreichend großen Raum eingeplant. Für seine heimliche Passion: die Schnapsbrennerei. Darin ein strahlender, kupferfarbener Brennkessel, von überall im Gastraum sichtbar. Das ist Walter Gutemanns Hexenküche. Dort tüftelt er an neuen Rezepturen für seine Destillate – Edelbrände. Klar, mit Fruchtauszügen von Äpfel, Birnen oder Mirabellen oder im Holzfass gereift. Gutemanns gute Brände sind im ganzen Land gefragt. Dazu hat er sich als erster Edelbrand-Sommelier am Bodensee ausbilden lassen. Aber das ist noch nicht genug. Jetzt kreiert er auch noch Gin. Ebenfalls mit großem Erfolg.

Das ist aber »nur« Walter Gutemanns Hobby. Sein Kerngeschäft ist immer noch der Apfel- und Weinanbau. Im Spätsommer ist es eine wahre Pracht, die Plantagen von Walter Gutemann zu besuchen. Die Apfelbäume hängen voll mit saftigen und prächtigen Früchten, die aussehen wie aus dem Apfel-Lehrbuch. Dann dürfen wir Wetterreporter und unser Team einen Apfel pflücken und an

Ort und Stelle probieren. Reinbeißen und das Wetter schmecken. Die Süße des Sommers und den Saft der Niederschläge. Egal, welche Wetterbedingungen herrschten. Die Früchte sind fast immer eine Augenweide und ein Genuss für die Verbraucher. Außer im bereits erwähnten Unwetterjahr 2009. Die Apfelernte war ein Totalausfall. Die Äpfel, die übrig blieben, wanderten in die Mosterei statt in den Verkauf und in den Obstkorb. Der Aufwand stand in keinem Verhältnis zum Ertrag. Walter Gutemann fuhr in jenem Jahr bei der Apfelernte ein deutliches Minus ein. Statt 100 Euro für eine 300-Kilo-Kiste bekam er von der Mosterei gerade mal 20 Euro. Das Los der Landwirte und die Abhängigkeit vom Wetter: Ein einziges Unwetter kann den ganzen Umsatz verhageln.

Walter Gutemann ist Mitglied der Winzergenossenschaft Hagnau. Dort werden seine Trauben gekeltert und der Wein abgefüllt. Auch sonst ist das eine muntere Truppe. Im Spätsommer, wenn die Trauben süß und reif und deshalb auch bei den Vögeln sehr begehrt sind, richtet die Genossenschaft einen Wachdienst ein. In einem Turm mitten im Weinberg sitzt der Vogelabwehrdienst und beobachtet die Vögel, die manchmal in Schwärmen in die Weinplantage einfallen. Aber nicht in Hagnau. Sobald sich die Tiere dem Weinberg verdächtig nähern, wird scharf geschossen oder getönt. Entweder der Turmherr feuert mit seiner Schreckschusspistole oder er spielt vom Band markerschütternde und sehr laute Rufe von Greifvögeln ab – DJ Vogelscheuche.

Wenn Walter Gutemann mal nicht im seiner Brennstube sitzt, draußen auf den Plantagen nach dem Rechten schaut oder Gäste bespaßt, dann fährt er raus auf den See. Mit seinem Motorboot und seiner Frau Christine, die normalerweise die Gästebetreuung managt. Dazu noch die beiden Kinder Ellen und Max. Perfektes Familienidyll.

Ein bisschen Glück gehört immer dazu und wer viel arbeitet und manchen Schicksalsschlag wegstecken muss, darf auch mal am Glück kosten. Im Schicksalssommer 2009 haben sich die Weinberge so gut erholt, dass sie ein zweites Mal blühten und Reben bildeten. Viele Trauben hatten sogar genug Öxle, um den Saft zu keltern. Und so endete dieses Seuchenjahr für Walter Gutemann und seine Familie doch noch versöhnlich. Das hat sich Walter Gute-Laune-Mann und Berufsoptimist durchaus verdient. Harry Röhrle

Familie Läpple, das Wiesenobst und die vier Jahreszeiten

Im Jahr 2017 sind die Wetterreporter in der sogenannten »Erlebnisregion Schwäbischer Albtrauf« für ihre Langzeitbeobachtung unterwegs. Dort gibt es wunderbare Aussichtsfelsen und geschichtsträchtige Berge: Teck, Limburg, Aichelberg, Burren und Wasserberg. Von denen aus kann man das Wetter beobachten, hinabschauen und den Blick in die Ferne schweifen lassen. Vor dem Albtrauf breitet sich das einzigartige Band der Streuobstwiesen wie ein Flickenteppich weit ins Albvorland aus. Mitten in diesem Landschaftsraum liegt Hattenhofen – der Heimatort unserer Erzeuger- und Bauernfamilie Läpple. Unser Thema 2017: »Wiesenobst«.

Hier liegen also offensichtlich gesundes Leben und nachhaltige Landwirtschaft dicht beieinander. Der Bau-

Martin Läpple mit den beiden Michaels bei strengem Frost in der Obstwiese.

ernhof der Läpples ist ein traditioneller Familienbetrieb, Obst und Gemüse haben sie im Angebot. Ihr Name steht für Qualität und vor allem für nachhaltige Landwirtschaft und die Vielfalt heimischer Produkte. Natürlich gibt's da auch einen Hofladen. Läpples, das sind Vater Martin, seine Frau Gabi Läpple und Tochter Katrin Läpple, die ihrerseits eine kleine Tochter hat. Der Sohn ist auch schon aktiv mit im Betrieb tätig, dazu gibt's die Freundin. Die Oma lebt auch auf dem Hof. Gleich hinter dem Hof hat es die Streuobstwiesen ... Nicht weit von Hattenhofen entfernt liegt der kleine Ort Schlat. Hier ist die Manufaktur Jörg Geiger, die aus dem Streuobst einzigartige Gaumenfreuden produziert. Läpples liefern ihr Obst dorthin. Sie sind dort auch in einem Verein aktiv. Engagierte Bürger haben den »Verein zur Erhaltung und Förderung alter Obstsorten – Rettet die Champagner Bratbirne e.V.« gegründet.

Unser Kontakt zu den Läpples wurde durch Jörg Geiger, den Ersten Vorsitzenden des Vereins, hergestellt. Läpples liefern ihm seit Jahren ihr Obst. Vielerlei Gründe sprechen für die Erhaltung alter Obstsorten, die auch eine ethisch-kulturelle Bedeutung haben. Sie sicherten in Jahren der Hungersnöte im 17.und 18. Jahrhundert unseren

Setzlinge ausbringen im April – Läpples haben neben den Streuobstwiesen einen Landwirtschaftlichen Betrieb mit Obst- und Gemüseanbau.

Vorfahren das Überleben. Die Förderung des Streuobstbaus, des Naturschutzes und der Landschaftspflege im Sinne des Bundesnaturschutzes und der Naturschutzgesetze der Länder sind ein besonderes Anliegen.

Dieser Landschaftsraum ist unser Arbeitsgebiet als Wetterreporter. Die Streuobstwiesen sind altes schwäbisches Kernland. Die Tonböden und gut besonnten Hanglagen bieten ideale Bedingungen für den Obstbau mit bester Fruchtqualität, vor allem für Äpfel, Birnen und Kirschen. Die kleinparzelliert bewirtschafteten Streuobstwiesen sind Sinnbild einer abwechslungs- und strukturreichen Landschaft.

Im Februar beginnt in den Streuobstwiesen die eigentliche Arbeit – das Schneiden der Bäume. Die Wiesen haben auch eine wichtige Funktion für das Mikroklima. Die verschiedenen Abschnitte der Obstblüte sind den Wetterreportern gleich mehrere Besuche wert. Der späte Wintereinbruch in der zweiten Aprilhälfte und besonders die strengen Nachtfröste haben der Obstblüte 2017 ein jähes Ende bereitet – die Pflanzen standen bereits in voller Blüte. Durch die bereits warmen Tage im März und Anfang April begann die Blütezeit 2017 auch bei Läpples viel zu früh. Normal wäre Anfang Mai. Jetzt bangen alle Wiesenbesitzer und fürchten um den Ertrag ihrer Arbeit. Wir Wetterreporter begleiten sie durch dieses schwierige Zeit.

Es gibt aber auch Schönes zu berichten. Läpples schwärmen von den Frühstimmungen in den Obstwiesen, wenn die Vögel singen. Die Obsternte bildet einen weiteren Höhepunkt der Jahresbegleitung. Auch Läpples gehören natürlich weiterhin zur großen Familie unserer Wetterexperten. Michael Kost

Wetterbauer Bernhard Miltner, Land- und Forstwirt aus Leimen-Gauangelloch, zusammen mit seinem Cousin und Wetterreporter Thomas Miltner.

Bernhard Miltner – der »Landesschau-Wetterbauer«

Die erste Langzeitbeobachtung bei uns Wetterreportern kam eigentlich eher zufällig zustande und doch lag sie auf der Hand und bei mir vor der Haustür. Zwischen Neckartal, Odenwald und Kraichgau liegt der Bauernhof meines Cousins Bernhard Miltner, seines Zeichens Landwirtschaftsmeister und seit 2002 unser »Landesschau-Wetterbauer«. Ein inoffizieller Titel, den er übrigens mit großem Stolz trägt.

Schon nach den ersten Beiträgen freuten sich viele Zuschauer und Kollegen über die kleinen Geschichten vom Eulenberghof in Gauangelloch, einem Stadtteil von Leimen im Rhein-Neckar-Kreis. Unaufgeregt und ohne Gejammer berichtet Bernhard seither über das Wetter und seine Auswirkungen in der herrlich sanften Hügellandschaft. Der Frost, der den Boden aufsprengt und für das Frühjahr lockert, der Wind, der die Felder austrocknet, der viele Regen, der sie ein anderes Mal unter Wasser setzt

Die sanfte Hügellandschaft des Kraichgaus, zu jeder Jahreszeit ein idyllischer Anblick, ganz besonders zur Erntezeit.

»Steht im Dezember noch das Korn, ist es wohl vergessen worn« – mit dem signalroten Mohn kann das nicht passieren.

und jegliche Arbeit verhindert. Mit ihm haben wir erlebt, wie das Wetter extremer wurde und wie Hitzewellen und Trockenheit sich mit Unwettern abwechselten. Kein Grund zu meckern, »ma konn jo sowieso nix mache«, sagt Bernhard Miltner und kümmert sich dann eben um andere Aufgaben wie Waldarbeit, Maschinen reparieren usw.

Die Bauern von heute sind flexibler, sie passen sich auch dank technischer Unterstützung dem Wetter besser an. Passt die Witterung, dann muss alles schnell gehen. Die Maschinen sind größer, vielseitiger und effektiver geworden. Säen, Düngen, Mähen und Ballenpressen. Das Meiste geht fast doppelt so schnell als noch bei seinem Vater Alfons. Der schaute noch gerne auf die alten Bauernregeln aus dem Hundertjährigen Kalender. Das tut unser Wetterbauer auch noch, aber die moderne Technik hat bei seinen Wetterplanungen Einzug gehalten. Per Mail kommt der Agrarwetterbericht vom Verband oder dem Düngemittelhersteller, auf dem Smartphone kann sich der Bauer von heute erwartete Luftfeuchtigkeit, Temperatur und Sonnenscheindauer anzeigen lassen. So ganz anfreunden kann sich mein Cousin damit immer noch nicht ganz. Gerade wenn es um das heikle Wetter fürs Heumachen geht, ruft er mich alle paar Tage an und fordert mich auf, ihm doch endlich mal vier trockene Tage am Stück zu bescheren. In einem Beitrag im Sommer 2013 wurde vor der Kamera um das begehrte Wetter sogar »gepokert« und »gezockt«. Allerdings spürte man in dieser Zeit ganz besonders den Druck, unter dem die Landwirte mit dem veränderten Wetter stehen. Denn stabile, trockene Hochdrucklagen, die gibt es auch im Kraichgau immer seltener. Im Frühjahr liegt die Saat immer öfter im viel zu trockenen Boden und im Herbst werden die trockenen Zeitfenster zum Ernten von Getreide und Mais kürzer.

Nicht zuletzt deshalb setzt Bernhard seit einigen Jahren parallel auf Fotovoltaik und Ökostrom, denn auf die Sonne ist meist Verlass. Aber wie es auch kommt, der Wetterbauer ist Optimist und hat immer den Schalk im Nacken. Bernhard ist für jeden Spaß zu haben. So baute er 2006 zur Fußball-WM auf dem Maisacker ein Fußballfeld mit runden Strohballen als Eckfahnen und Torstangen. Das anschließende Match Wetterreporter gegen Bauernauswahl gilt als legendär. Nach Rückstand drehen wir Wetterreporter die Partie, aber nur weil die angeforderte Feuerwehr Gauangelloch mit mehreren Spritzen das Feld unter Wasser setzt. Mit »Original Fritz-Walter-Wetter« gewinnen wir, wie damals 1954 Deutschland im Regen beim Wunder von Bern.

Ein anderes Mal gemeinsam auf Wildschweinsuche, als Rocker mit langer Perücke und Luftgitarre, der »Latte Macchiato-Acker«, in dem wir auch nach Wochen noch im Untergrund Schnee fanden, oder oder ... immer wieder gab es kleine, interessante Geschichten aus der Landwirtschaft und vor allem fast immer mit beeindruckenden Wettermomenten. Ob Sonnenaufgänge, Nebelstimmungen, Regenbögen oder überzuckerte Feldern, es gibt nur wenige Orte im Land, an denen wir so zuverlässig oft schöne Wetterbilder bekommen.

Noch ein Grund, warum wir immer wieder mal beim »Wetterbauern« vorbeischauen und gucken, was das Wetter so macht und wie es sich auf die vielen Menschen im Land wie ihn, die so eng mit dem Wetter arbeiten, auswirkt. Thomas Miltner

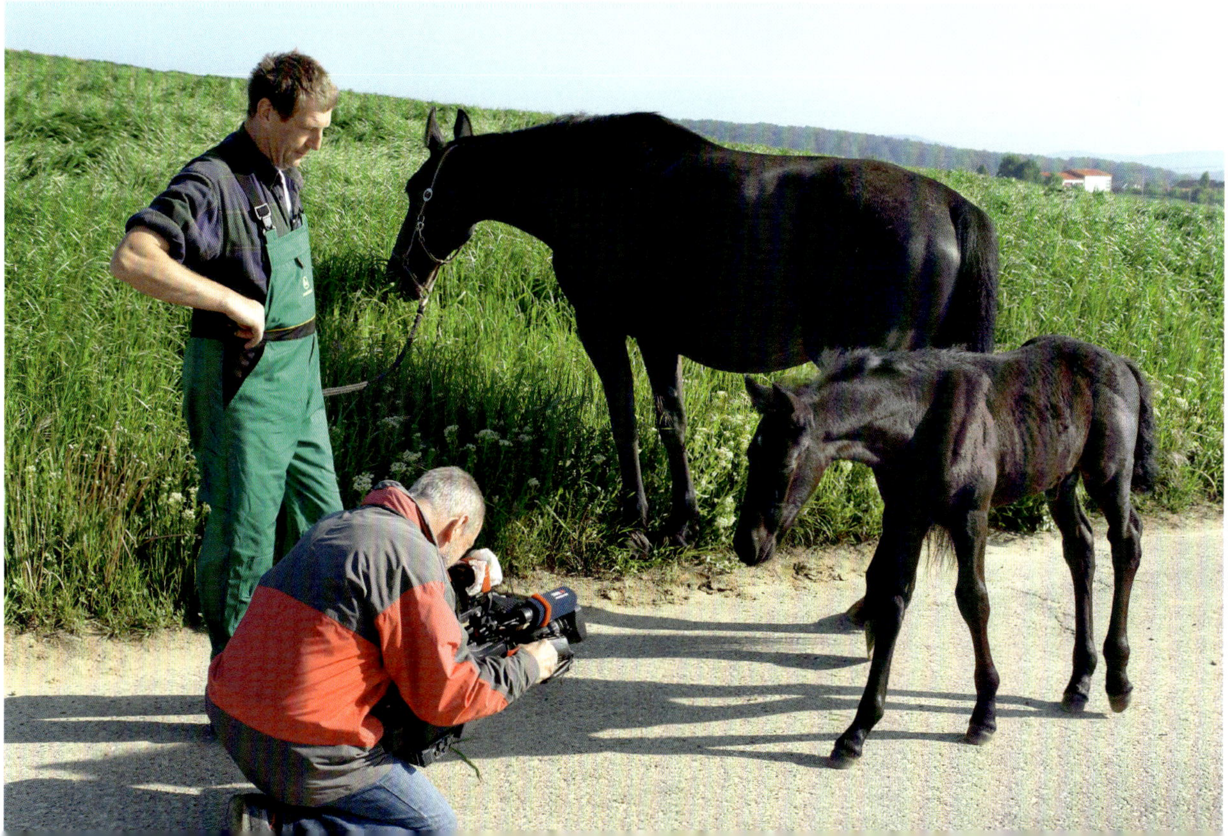

Unser langjähriger Kameramann Gernot Kurz filmt den Wetterbauer beim ersten Ausflug des neuen Fohlen.

Unsere Wetterexperten

Unsere Wetterpaten besuchen wir regelmäßig: Nicht nur über das eine Jahr, in dem wir sie porträtieren. Seit vielen Jahren pflegen wir Wetterreporter auch einen engen Kontakt zu Menschen, die sich, wie wir, das Wetter in Baden-Württemberg und speziell ihrer Heimatregion zur Herzenssache gemacht haben – unsere Wetterexperten.

Roland Roth – der Wetterpapst von Oberschwaben

Roland Roth wird als der »Wetterpapst« von Oberschwaben bezeichnet. So ein Titel will im katholischen Südosten des Landes schon einiges bedeuten. Und das hat seinen Grund: Roland, genannt »Rolle« Roth, ist einer der herausragenden Wetterexperten im gesamten Südwesten. Seine Vorhersagen haben eine außergewöhnliche Genauigkeit, seine Analysen und Langfristprognosen sind nahezu perfekt.

Kein Wunder, denn der 1954 in Bad Schussenried geborene Autodidakt bringt alles mit, was es für einen herausragenden Meteorologen braucht: Er liebt seine Heimat, kennt sie ganz genau und ist »verrückt nach Wetter«, wie er selber schmunzelnd sagt. Wir Wetterreporter haben ihn bei unzähligen Besuchen und gemeinsamen Drehs genau so erlebt und schätzen gelernt.

Schon mit vier Jahren fing es an. Ein Gewitter beeindruckte den kleinen Roland so sehr, dass er sich dem Wetter »verschrieb«. Er selbst sagt, er sei leidenschaftlicher und bekennender Gewitterfan.

Mit 13 Jahren standen im elterlichen Garten bereits die ersten eigenen Messgeräte. 1968 gründete er die »Wetterstation Bad Schussenried«, die später in »Private Wetterstation Oberschwaben« umbenannt wurde. Weil immer mehr Stationen und Hobbymeteorologen dazukamen, heißt das Ganze mittlerweile »Wetterwarte Süd« und umfasst fast 300 Wetterstationen mit rund 200 ehrenamtlichen Mitarbeitern. Roland Roth ist und bleibt der Macher, der Wetterbegeisterte aus dem gesamten Südosten mitreißt und motiviert. Die Wetterwarte Süd ist längst zu einer Institution geworden und Roland Roth der »Kopf« des Wetters zwischen Allgäu, Bodensee, Alb, Linzgau und Hegau. Aber auch weit über die Grenzen der

Eine traumhafte Frühstimmung: In der Nähe von Tengen dampfen im Spätsommer die feuchten Wiesen.

»Rolle« Roth, Oberschwabe mit Leib und Seele und ein exzellenter Wetter- und Klimaexperte, in seiner Heimat.

Region hinaus kennt man ihn als ebenso kompetenten wie unterhaltsamen Wetterexperten. Nicht zuletzt weil er die Dinge auf den Punkt bringt und verständlich erklärt: »Wetter ist so spannend wie ein Tatort« und »Wettervorhersage ist wie ein Rohteig aus Daten; was daraus wird, hängt auch davon ab, wie gut der Bäcker bzw. der Meteorologe ist«.

Auch in Sachen Klimawandel bezieht er klar Stellung: »Der Klimawandel ist für jedermann sichtbar und fühlbar« und »Extremwetterlagen werden weiter zunehmen«.

Warum aber hat er sein Hobby nie zum Beruf gemacht? Für das Meteorologiestudium hätte Roland Roth damals nach Berlin ziehen müssen, das brachte der heimatverbundene Oberschwabe aber nicht übers Herz. So blieb er in der Heimat und studierte eine Kombination, die fast ebenso geeignet ist: Geografie, Religion und Philosophie! Vergangenes Jahr ist der Werkrealschullehrer nun in Ruhestand gegangen. Jetzt kann er sich voll und ganz auf sein »professionelles Hobby« konzentrieren. Wobei, nicht ganz, denn zu tun hat der umtriebige »Rolle« mehr als genug. Im Winter z. B. spurt er die Loipe auf der »Atzenberger Höhe«, die er als Jung-Stadtrat 1980 selbst initiiert hatte, oder frönt seiner Leidenschaft für Musik, joggt oder fiebert beim Fußball mit Eintracht Frankfurt (der einzige »Ausreißer« des Vollblut-Oberschwaben). Nicht zu vergessen seine überaus verständnisvolle Frau und die drei Kinder. Für die bleibt aber weiterhin ein Problem: Egal, wohin Roland Roth auch kommt, alle fragen ihn nach dem Wetter und nehmen ihn in Beschlag, schließlich ist er ja der »Wetterpapst von Oberschwaben«. Thomas Miltner

Roland Hummel – der Herr der Kälte

Er ist der Herr der Kälte. In keiner anderen Gegend in Baden-Württemberg werden so tiefe Temperaturen gemessen. Roland Hummel hat rund um Sonnenbühl auf der Schwäbischen Alb ein Wetterstationsnetz gesponnen. Unter anderem im Rinnental im Ortsteil Undingen und in einer Doline. Die tiefste Temperatur, die der Klimatologe jemals dokumentiert hat, waren –40 °C knapp über der Schneeoberfläche und immerhin Minus –36,6 °C im Rinnental auf der geeichten Messhöhe von zwei Metern.

Roland Hummel ist seit frühester Jugend wetterbegeistert. Seit seinem 14. Lebensjahr beobachtet und dokumentiert er das interessante Wetter rund um seine Heimat auf der Alb. Klar, dass dies auch seine Berufswahl prägte. Ausbildung in der Wetterdienstschule in Neustadt an der Weinstraße. Danach hat er am Stuttgarter Flughafen für den Deutschen Wetterdienst gearbeitet. 1989 hat Hummel seine inzwischen berühmte Wetterstation im großen Rinnental eingerichtet. Er wusste aus langjährigen Beobachtungen, dass hier vor allem im Winter, aber auch manchmal im Sommer, außergewöhnlich tiefe Temperaturen vorkommen. Er sammelt die Daten seiner Wetterstationen, Höchst- und Tiefsttemperaturen, Luftdruck und Sonnenscheindauer und versorgt mit seinen Daten andere Meteorologen. Aber auch die Besucher seiner Wetterstationen werden bestens informiert. Überall hängen Zettelchen, die aktuelle und historische Rekordwerte dokumentieren. Damit trägt Roland Hummel zu einem besseren Verständnis des Wetters und einer genaueren Wettervorhersage bei. Außerdem verfasst er für Zeitungen eine monatliche Wetterbilanz. Anfang des neuen Millenniums hat er eine eigene Firma gegründet: »Wetterring 2000+«.

Seine zweite große Passion ist der nordische Skisport. Im Winter ist er fast täglich auf der Loipe rund um seine Wetterstationen. Er hat schon mehrfach am berühmten und anstrengenden Wasa-Lauf, dem Vasaloppet, in Schweden teilgenommen. An einem kalten und windigen Wintermorgen, als wir mal wieder in Sonnenbühl vorbeischauten, trafen wir zufällig Roland Hummel. Nachdem er mit seinem Ford Fiesta über eine geschlossene Schneedecke bretterte, um die Wetterstationen zu überprüfen, packte er seine Langlaufskier aus und fuhr seine Lieblingsrunde um die Doline Weidenwang. Fast genau einen Kilometer lang ist die Vasaloppet-Trainingsstrecke – und schneesicher. Während rund um Sonnenbühl der Schnee längst geschmolzen ist, liegt hier oft noch eine weiße Schicht. Weil sich hier kalte Luft ansammelt. Der Mann kennt sich eben aus. Logisch, dass wir in diesem Gesamtzusammenhang ein spontanes Interview mit Roland Hummel machen mussten.

Die Doline Weidenwang in der Nähe von Sonnenbühl: In dieser Mulde sammelt sich täglich kalte Luft. Im Winter wurden hier schon knapp −40 °C gemessen.

Jeden Tag besucht Roland Hummel mehrmals seine Wetterstationen und liest die aktuellen Messwerte ab.

Seine Faszination über das Wetter gibt er auch gerne weiter. Er bietet Führungen für Schulklassen und hat zusammen mit der Gemeinde Sonnenbühl einen Klimaweg entwickelt. An 12 Stationen rund um Sonnenbühl wird auf Schautafeln die Wettergeschichte der Alb erzählt. Informationsgeber ist und war Roland Hummel. Er ist eine Koryphäe in Sachen Wetter, kann komplizierte Zusammenhänge kurz und einprägsam darstellen und in jedem Satz spürt man seine Begeisterung für das Wetter. Er streut auch immer wieder gerne seine eigene Sicht der Dinge ein. Über die weitläufige Meinung, dass der Mond einen Einfluss auf unser Wetter hat, kann er nur den Kopf schütteln und den »Hundertjährigen Kalender« und die Hagelflieger hält er für »absoluten Blödsinn«. Ich erinnere mich gerne an einen Vergleich, mit dem mir Roland Hummel die Tauglichkeit eines Hagelfliegers erklärte. Es sei so, als »wolle man mit einem kleinen Eimerchen eine riesige Flut aufhalten«.

Wir Wetterreporter haben ihn wegen seiner Kompetenz und seiner klaren Worte immer wieder gerne besucht. Ihm kam eine besondere Ehre zuteil: Das allererste Landesschau-Wetter hat Thomas Miltner zusammen mit ihm gestaltet. Gesendet wurde es am 30. September 2002. Harry Röhrle

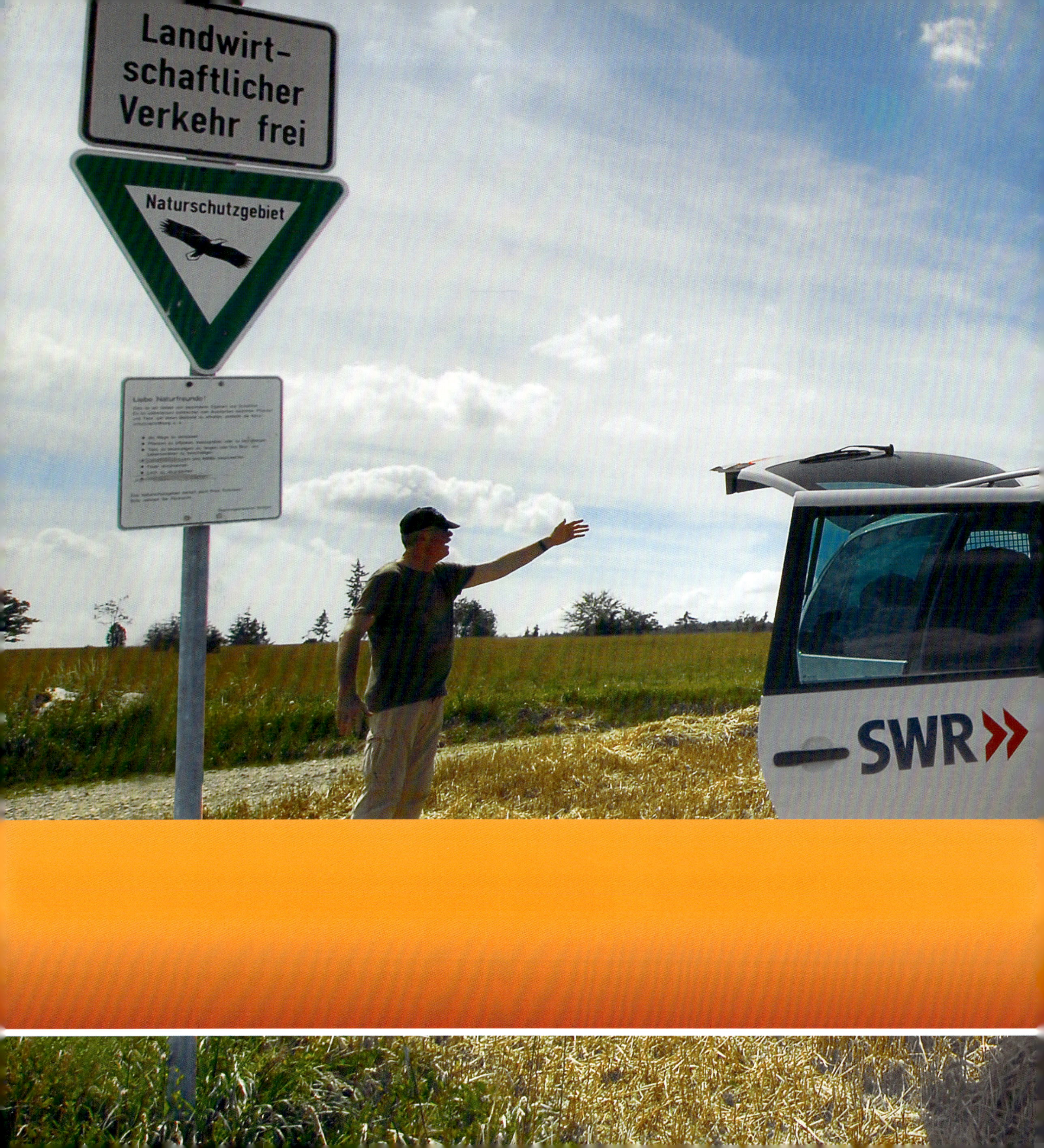
Landwirt-
schaftlicher
Verkehr frei
Naturschutzgebiet
SWR

Ein Blick hinter die Kulissen

Links: Der Name ist Programm – unser Ton-Kollege mit dem passenden Namen: Andreas Wetter.

Rechts: Gerade an exponierten Orten mit viel Wind ist eine gute Tonaufnahme von großer Wichtigkeit. Deshalb kommt hier immer der sogenannte »Zeppelin« zum Einsatz. Mit Puschel.

Making of – ein typischer Arbeitstag eines Wetterreporters

Unser Arbeitstag beginnt meistens im Morgengrauen. Es kann durchaus sein, dass es schon um drei Uhr morgens losgeht – das ist wirklich nichts für Langschläfer. Eine Woche lang, von Montag bis Freitag, ist der Wetterreporter mit seinem Kamerateam in Baden-Württemberg unterwegs, erzählt spannende Geschichten und sammelt beeindruckende Bilder.

Los geht es mit der Fahrt in die Region, in der gedreht werden soll. Das Wetterteam ist immer auf der Suche nach spektakulären Sonnenaufgängen und den schönsten Wetterbildern. Die Moderationen werden direkt vor Ort aufgenommen. Hier ist Spontaneität gefragt, denn das aktuelle Wetter gibt den Ton an. Viele Aussichtspunkte sind bereits im Navigationsgerät des Dienstwagens eingespeichert. Doch diese Punkte sind nie die Versicherung für den perfekten Start in den Arbeitstag. Oft hält das Team am Straßenrand an oder biegt in einen Feldweg ab, wenn eine grandiose Morgenstimmung sich abzuzeichnen beginnt.

Mit dem Sonnenaufgang und dem Drehen der ersten Einstellungen beginnt der Kampf gegen die Uhr. Während die Kameraleute drehen, überlegen sich die Reporter die passenden Aufsager zum Moment. Meistens wird vor der Kamera, also spontan beim Sprechen der Moderation, einfach das gesagt, was den Zauber des Moments ausmacht. Doch an einem Ort verweilen, den Moment so richtig in vollen Zügen genießen, das geht nicht. Wenn ein Dreh mit einem Experten oder einem Gesprächspartner ausgemacht ist, dann heißt es pünktlich am vereinbarten Treffpunkt zu sein. Der hat oft natürlich eine ganze Aktenmappe an Unterlagen und wissenswerten Informationen bei sich, die er vorbereitet hat. Dazu möchte er bei seinem interview möglichst viel von seinem Spezialwissen loswerden. Der Reporter nimmt ihm im Vorgespräch die Aufregung. Unser Motto ist es, schnell ein Vertrauensverhältnis mit unseren Protagonisten aufzubauen und das Gespräch so zu führen, dass der Gesprächspartner schon nach wenigen Sekunden die Anwesenheit der Kamera und des Teams vergisst. Meistens klappt das auch.

Spätestens ab 10:00 Uhr beginnt die Zeit für den Wetterreporter regelrecht zu rasen. Dann ist strukturiertes Denken gefragt, denn gemeinsam mit dem Kamerateam muss überlegt werden, welche Bilder, Impressionen, Einstellungen und vor allem Moderationen vor der Kamera noch fehlen.

Ab 12:00 Uhr heißt es, ab ins Auto und schleunigst zum Schnitt zu fahren.

Drehen, schneiden, senden

Um die Mittagszeit geht's dann zurück ins Funkhaus nach Stuttgart, in eines der SWR-Außenstudios oder zu freien Produktionsfirmen, die es auch gibt, zum Schnitt. Hier wird das gesammelte Filmmaterial in den Schnittcomputer eingespielt und gesichtet. Der Cutter erhält die nötigen Informationen über die Geschichte des Tages und wie der Film aus Sicht des Reporters aussehen könnte. Ein Anruf in Stuttgart bei den Kollegen der Redaktion heißt für den Planer auch immer Entwarnung. Der Reporter hat seinen Schnittplatz sicher und wohlbehalten erreicht.

Der Planer in Stuttgart erhält wichtige Infos vom Dreh: Wo wurde der Hintergrund für die Studiomoderation am Abend gedreht? Hat das Gespräch mit dem Interviewpartner auch so geklappt, wie es geplant war? Bieten sich die gedrehten Wetterimpressionen vielleicht auch noch für andere Sendungen des betreffenden Tages an? Oft werden dann Bilder noch nach Frankfurt zum Hessischen Rundfunk überspielt und im ARD-Nachtmagazin gesendet.

Inzwischen hat dann auch der Cutter im »Schnellgang« das Rohmaterial gesehen. Er hat nun einen Überblick. Im Beitrag soll sich auch immer das Tagesgefühl zum jeweiligen Zeitpunkt der Filmaufnahmen spiegeln. Die Reihenfolge der Aufnahmen vom Sonnenaufgang oder schon davor muss auch im Bericht in einer chronologischen Reihenfolge erkennbar sein.

Was früher im Filmschnitt eine richtig aufwändige Prozedur war, ist heute im nonlinearen Computerschnitt eine Leichtigkeit: das Platzieren der schwarzen Freifelder, der Platzhalter also, in die später am Abend die Wetterkarten in Stuttgart eingesetzt werden.

Die Cutter des Landesschau-Wetters müssen unter allen Umständen stresserprobt sein. Als Erstes wird der Nachrichtenbeitrag geschnitten. Das Wetter für Landesschau Aktuell um 18:12 Uhr sollte bis spätestens 16:00 Uhr geschnitten, getextet und vertont sein.

Dann geht es an den Schnitt für die Landesschau. Hier muss aufwändiger montiert werden. Mit passender Musik. Die muss erst mal gesucht und ausgewählt werden. Das ist gar nicht so einfach. Denn die »Musikfarbe« unterscheidet sich bei einem Regenbeitrag im Herbst vollkommen von der eines Sommerfilms, der am Baggersee gedreht wird.

Auch der richtige Einsatz der Musik wird zwischen Wetterreporter und den Cuttern genauestens besprochen. Nichts ist langweiliger als eine durchgehende »Musikfläche« von vorn bis hinten. Dann verkommt die Musik zur Soße. Zum Ende eines langen Arbeitstages heißt es für

Links: Kameramann Florian Kössel mit Drohne in der Streuobstwiese bei Hattenhofen.

Rechts: Zum Schluss muss der Wetterreporter noch den Off-Text sprechen. Harry Röhrle in der Sprecherkabine im Tonstudio.

uns Wetterreporter nochmal richtig Gas zu geben. Bei der Mischung, also dem Sprechen des Off-Textes, muss nochmals die ganze Emotion des Erlebten hineingelegt werden; dabei sollte aber ruhig und richtig betont gesprochen werden. Auch der richtige Einsatz, das heißt, auf welches Bild gesprochen wird, muss präzise bedacht werden. Wenn der Beitrag dann in die Grafik geschickt wird, kann der Wetterreporter erst mal entspannen. Dann ist es meistens 18:00 Uhr. Richtig Feierabend hat er aber noch nicht. Jetzt bekommt er die Drehplanung für den nächsten Morgen, dazu ein paar Tipps. Dann ist endlich Feierabend. Mit dem Auto geht es nach Hause zur Familie oder ins Hotel. Bis zum nächsten frühen Morgen heißt es jetzt ausruhen.

Der Redakteur in Stuttgart ist jetzt noch in der Grafik und macht das Stück fertig. Die Grafiken der Wetterkarten werden exakt auf den Text in die freigehaltenen Blöcke eingesetzt. Der Planer achtet dabei auch darauf, dass die Temperaturangaben auf den Wetterkarten genau mit dem Off-Text übereinstimmen.

Um 18:58 Uhr geht das Landesschau-Wetter auf Sendung. Ein langer Arbeitstag ist erfolgreich abgeschlossen. Die Zuschauer zu Hause sehen den Beitrag und wir freuen uns täglich über das Ergebnis.

Welche Geschichte erzählen wir morgen?

Welche Geschichte erzählen wir morgen? Und finden wir vielleicht eine Geschichte rund ums Wetter, die wir bislang noch nicht erzählt haben? Diese beiden Fragen leiten uns in der Wetterredaktion seit 15 Jahren. Von Anfang an war es unser Anspruch, nicht bloß schöne Bildchen vom Wetter des Tages zu zeigen. Wir fragen uns deswegen immer wieder aufs Neue, wie wir die Zuschauer mit einer tollen Story fesseln können.

Die passende Antwort darauf suchen der Wetterreporter und sein »Co-Pilot«. Der »Co-Pilot«, das ist unsere interne Bezeichnung für den Planer, also den Redakteur, der den jeweiligen Wetterfrosch steuert und quer durchs Land führt. Vom Schreibtisch aus recherchiert der Planer also für den Reporter im Vorfeld die Zutaten, mögliche Drehorte und Gesprächspartner für eine interessante

Der Kameramann wie hier Jürgen Könner muss innerhalb von Minuten eine Vielzahl von verschiedenen Einstellungen drehen, die dann im Schnitt montiert werden.

tagesaktuelle Geschichte. Das klappt natürlich nur in enger Zusammenarbeit der beiden, schließlich spielt das Wetter draußen. Doch bevor die Kamera überhaupt ein Bild aufnimmt, bevor der Reporter eine Moderation macht, muss viel vorbereitet werden. Und damit kommen wir zurück zur ersten Frage – nach der Geschichte.

Mit den Jahren haben wir uns dafür eine große Werkzeugkiste gezimmert. Eine, die immer weiter anwächst. Schauen wir doch mal rein. Klar, zunächst sind da die einzelnen Jahreszeiten. Und die Beobachtung der Natur. Das beschäftigt seit Urzeiten den Menschen. Im Winter der erste Schneefall, das Glatteis, die Kälte, die zugefrorenen Seen und Flüsse. All das können erste Bausteine für die Geschichte sein. Dann beginnt die Suche nach dem Besonderen. Etwa die Flugzeug-Enteiser-Truppe am Airport Stuttgart, die bei zweistelligen Minustemperaturen frühmorgens mit speziellem Gerät dafür sorgt, dass die Tragflächen der Flieger eisfrei werden und diese überhaupt sicher abheben können. Was sind dabei ihre Herausforderungen? Der Wettlauf gegen die Zeit? Oder nehmen wir den Nacktbader in Hohenlohe, der bei unglaublichen Minusgraden trotzdem regelmäßig in die Jagst steigt. Was treibt ihn an? Eine gute Wettergeschichte kann natürlich auch aus dem Alltag kommen, im Winter etwa die Begegnung mit den tapferen Müllmännern im tief verschneiten Schwarzwald. Was bedeutet es, täglich mit Glatteis und festgefrorenen Biotonnen kämpfen zu müssen?

Es geht also um Freud und Leid mit dem Wetter. In der Landwirtschaft, im Berufsleben, in der Freizeit, im

Linke Seite oben: Wetterplaner Peter Kemnitzer; Hobbyangler, am liebsten arbeitet er im Stehen. Mitte: Für die Produktion der Wetterkarten in der sogenannten Kombi 4 ist auch Frédéric Arneton zuständig. Unten: Thomas Miller, Wetterplaner, privat am liebsten mit seinem eigenen Pferd auf der Alb unterwegs.

Der entscheidende Moment: Zum richtigen Zeitpunkt an der richtigen Stelle. Diese Momente entschädigen auch bei Schnee und Eis für das frühe Aufstehen.

Alttag. Gefragt sind da die Fähigkeit, um die Ecke zu denken, aufmerksam durch die Welt gehen, Spürsinn und ein waches Auge vom Duo Reporter und »Co-Pilot«. Selbstverständlich immer in enger Abstimmung mit unseren Meteorologen. Sie versorgen uns nicht nur mit den Wetterdaten für die Zuschauer, ganz entscheidend sind ihre Prognosen für die regionale Entwicklung. Morgen soll es im Allgäu, und zwar nur dort, klirrend kalt und sonnig werden! Im Rest des Landes dagegen bleibt es trüb. Dieser Hinweis kann entscheidend sein für die Auswahl des Drehortes. Schließlich machen wir Fernsehen und wollen den Zuschauern nach Möglichkeit die schönsten Bilder rund ums aktuelle Wetter zeigen. Vielleicht ist damit dann auch schon der Hauptdarsteller für die morgige Geschichte gefunden: Die Föhnlage im Allgäu, verbunden mit herrlichen Ausblicken auf die Alpen. Dann funktioniert die Story über den Reporter, der im wahrsten Sinn des Wortes die Eindrücke auf einer Reise durch die Landschaft mit seinem Kamerateam einsammelt und dem Zuschauer zurückträgt.

Was ist noch in unserer Werkzeugkiste? Natürlich – wir hatten es eben schon davon – sind es auch die speziellen Wetterlagen und meteorologischen Ereignisse: Hagel, Sturm, Windhosen, Hochwasser, ebenso astronomische Besonderheiten wie »Supermond«, »Blutmond«, Sonnenfinsternis – all das, was die Menschen im Land beschäftigt. Hier zeigen wir unsere Stärken als langjährige Journalisten. Der Planer recherchiert die Zusammenhänge und Hintergründe, der Reporter draußen stellt sich den Naturelementen. Und demonstriert etwa, was Windstärke 10 bedeutet: Indem er sich mit einem sich irre drehenden Windmessgerät in der Hand auf dem 217 Meter hohen Stuttgarter Fernsehturm den Orkanböen entgegenstellt. Oder es ist schon der Tag danach. Und der Wetterreporter fährt dorthin, wo der Hagel ganze Weinberge zerstört hat, und zeigt die manchmal verheerende Gewalt des Wetters beim Besuch eines Winzers im Kaiserstuhl. All das muss vorbereitet werden, schließlich springt der Reporter von Tag zu Tag in eine neue Geschichte an einem anderen Ort. Welcher Winzer ist besonders betroffen, wer ist überhaupt bereit, von seinem Schicksal zu berichten, wer hat morgen Zeit? Das recherchiert der »Co-Pilot«, ebenso die Anfahrt und Wegstrecken, dazu mögliche Locations für einen Ausblick in die Landschaft. Ein Aussichtsturm ist in der Nähe? Super, aber wie kommt der Reporter samt Kamerateam da rauf? Wer hat den Schlüssel für die

Schranke für die Zufahrt? Es sind oft diese logistischen Kleinigkeiten, die vorbereitet sein wollen, damit am Folgetag eine vierminütige Wettergeschichte über den Bildschirm flimmern kann.

Unser Vorteil ist selbstverständlich, dass wir in der Wetterredaktion inzwischen viel Erfahrung angesammelt haben. Unsere Reporter kennen Baden-Württemberg, seine unterschiedlichen Landschaften und Wetterküchen aus dem Effeff. Die Staulagen, die Kältepole, die Aussichtspunkte. Wo sich der Niedrigpegel am Bodensee darstellen lässt, wo die Kirschblüte im Frühsommer oder der Vogelzug im Herbst. Eine Herausforderung bleiben allerdings die Wetterlagen, an denen sich kaum etwas ändert. Etwa der Rekordsommer mit wochenlang nichts als Sonne pur. Toll für die Leute, aber was erzählt man da, ohne sich zu wiederholen? Oder die nasskalt-trübe Übergangszeit im Herbst. Wo man keinen Hund vor die Türe treiben will. Auch da ist Kreativität gefragt. Vielleicht kommen dann mal wieder die Klassiker ins Spiel: Wie funktioniert ein Wetterhäuschen? Hatten wir vor fünf Jahren zuletzt! Machen! Wie entsteht ein Wetterhahn? Oder: Vorsicht Wildwechsel im Herbst! Autofahren auf Laub, was muss man beachten? Mit einem Wort: Eigentlich können die Geschichten gar nicht ausgehen …

Eine meiner Lieblingsgeschichten rund ums Wetter konnten wir bislang noch nicht in einem Film erzählen. Schade eigentlich, ich finde sie immer noch äußerst reizvoll. Zu sehen wären darin Männer mit Eimern auf dem Flughafen Stuttgart. Und zwar draußen auf den Startbahnen. Denn nach kräftigen und anhaltenden Regengüssen werden dort von Hand Regenwürmer eingesammelt, die aus den umliegenden Wiesen gekrochen kommen. Warum das Ganze? Die Würmer könnten Vögel anlocken. Und die dann wiederum in die Triebwerke der Flugzeuge geraten. Manchmal schon kurios, dieses Wetter …

Michael Kost

Die Wetterreporter bei der Tour de France

Ein einmaliges Ereignis: Gleich für alle vier von uns war es die Tour de France auf heimischem Boden. Daraus ist nicht nur ein normaler Beitrag entstanden, sondern an diesem Tag wurde auch die Landesschau live aus Karlsruhe unter anderem mit uns Landeschau-Wetterreportern gesendet. Der Schnitt für unseren Beitrag erfolgte mobil im SWR-Übertragungswagen.

Wir waren in der Tat einmal live dabei und mittendrin. Am 8. Juli 2005 war Karlsruhe Zielort der 228,5 km langen 7. Etappe. Der SWR sendete damals live aus Karlsruhe die Landesschau. Wir Wetterreporter sollten alle vier zusammen den Tag irgendwie begleiten. Also haben wir uns erst mal Fahrräder besorgt. Da wir ja von morgens bis abends unter Zeitdruck stehen, um unsere Reportage pünktlich zu senden, sind wir natürlich NICHT den ganzen Tag Fahrrad gefahren. Wir haben einen Requisiteur des SWR samt Lieferwagen an unsere Seite gestellt bekommen.

Tomy Miltner mit dem Back-Stage-Ausweis. Kurz vor dem Beginn der Live-Sendung aus Karlsruhe.

Gerade noch geschafft: die Werbekolonne kommt immer vor den Radfahrern.

Wir machten das offizielle Tour-Wetter für den kommenden Tag, den Samstag. Am 9. Juli 2005 ging es also in den Schwarzwald: Die Etappe startete in Pforzheim und verlief über Dobel, Bad Herrenalb, Gernsbach, Lichtental, Bühl nach Achern und von dort weiter Richtung Süden bis nach Gérardmer in den Vogesen.

Wir machten uns also auf und checkten den Berganstieg nach Dobel. Schnell entschieden wir uns, die Strecke in umgekehrter Richtung, also bergab zu fahren. GoPro-Actionkameras und sonstige digitale Kleinstkameras hatten wir damals übrigens nicht zur Verfügung. Die gab es schlicht noch nicht. Unser Kameramann drehte alles aus einem VW-Bus. Nicht auszudenken, was alles hätte passieren können.

Nach Beendigung der Dreharbeiten mussten wir vier Wetterreporter schnellstmöglich nach Karlsruhe. Im Ü-Wagen, der vor dem ZKM in Karlsruhe stand, sollte an jenem Tag mobil geschnitten werden. Schließlich fand die Livesendung auch an diesem Platz statt. Im Tiefflug sind wir vier dann mit unserem Dienstwagen nach Karlsruhe gefahren. Die Straßen dorthin an diesem Freitag waren schon großräumig abgesichert.

Die Tour-Strecke führte an diesem 8. Juli über Iffezheim, Rastatt, Ötigheim, Bietigheim, Muggensturm, Malsch, Bruchhausen und Ettlingen. Die letzten Kilometer der Strecke verliefen durch Karlsruhe über die Brauerstraße, die Reinhold-Frank-Straße, das Mühlburger Tor und Entenfang zur Neuen Messe in Rheinstetten. Wir mussten unbedingt noch vor dem Peloton, wie die Karawane genannt wird, in Karlsruhe eintreffen. Kurz vor der Stadt war aber Schluss, denn die Straßen waren mit Polizeibeamten gesichert und gesperrt.

Wie sollte unser Film unter diesen Umständen pünktlich fertig werden und vor allem wo? Michael Kögel kurbelte das Fenster herunter und sprach den ersten Polizisten an. Ich hörte hinten im Auto nur die Worte: »Wetterreporter, SWR, dringend« und »Sendung!« Dann ging alles sehr schnell. Wir vier fuhren, eskortiert von der Polizei, auf der abgesperrten Strecke der Tour de France 2005. Und das mit deutlich erhöhter Geschwindigkeit! Es war wie im Film: Entlang der Straße feierten um die 400 000 Menschen das Radrennen. Als wir unser Auto in der von der Polizei ausgewiesenen Parkfläche abstellten, dauerte es nur noch wenige Minuten, bis die Karawane mit den Werbefahrzeugen kam. Die eigentlichen Radler waren in Sekundenbruchteilen, kaum erkennbar, durchgerast. Gewonnen hat die 7. Etappe der Australier Robbie McEwen. Um 18:45 Uhr begann die Livesendung der Landesschau. Michael Kost

Alle vier zusammen – in Stuttgart auf dem Marktplatz …

Wetter mit Auszeichnung

Für uns Fernsehmacher gibt es in der Regel einen Barometer, einen Gradmesser, an dem wir uns mittel- und langfristig orientieren – das ist die Einschaltquote, die uns täglich morgens ins Haus geliefert wird. Sie zeigt ungeschönt und manchmal gnadenlos, wie unsere Berichte und Produkte beim Publikum ankommen. Ob sie zuschalten, verweilen oder abschalten. Minutengenau. Natürlich sind das letztlich nur Hochrechnungen und nicht selten große Mysterien, die uns widerspiegeln, wie unsere Arbeit draußen ankommt. Beim Wetter waren wir da übrigens über die Jahre immer auf der Sonnenseite, es ist und bleibt ein echtes Zugpferd innerhalb der Landesschau Baden-Württemberg. Doch es gibt im Bereich des Journalismus einen weiteren Gradmesser, der uns Macher besondere Genugtuung beschert. Nämlich Auszeichnungen und Preise, die von externen Stellen vergeben werden. Im März 2010 war das der Fall: Das SWR Landesschau-Wetter wurde in Bremerhaven mit dem Medienpreis für Meteorologie ausgezeichnet, in der Kategorie »Beste Wetterpräsentation Fernsehen«. Vergeben wurde der Preis – ein in Marmor gemeißelter Tornado – im Rahmen des seinerzeit 5. ExtremWetterKongresses. Wahnsinn, es ist wirklich wahr,

Nach der Ankunft des Preises in Stuttgart – die Freude kennt keine Grenzen.

Stephen Zierhut (re.) im Kreise der glücklichen Preisträger.

so Stephen Zierhuts erster Gedanke, als am 5. März 2010 in Bremerhaven das Landesschau-Wetter als Gewinner in der Kategorie »Beste Wetterpräsentation Fernsehen« aufgerufen wurde. Der zweite Gedanke dann auf der Bühne mit der gewichtigen Siegertrophäe in der Hand: Liebe Güte, das wird teuer, da müssen wir wohl ordentlich Übergepäck bezahlen beim Rückflug nach Stuttgart. Als Vertreter der Landesschau-Wetterredaktion ist Wetterplaner Stephen Zierhut stellvertretend für das ganze Team zum »5. ExtremWetterKongress« nach Bremerhaven gereist. Drei Tage lang wurden dort extreme Wetterphänomene diskutiert, es gab Fachvorträge zum Klimawandel und zur Wetterpräsentation in den Medien. So war es fast schon programmatisch, dass just am Freitagabend zur Preisverleihung an der Nordseeküste der Winter mit einem heftigem Schneesturm sein Comeback feierte – genau das Tief »Yve« übrigens, das mit einigen Stunden Verzögerung dann auch Baden-Württemberg mächtig einschneien sollte.

Veranstalter dieses jährlich vergebenen Preises ist das private Institut für Wetter- und Klimakommunikation. Der Kongress ist eine Art Branchentreffen von Menschen mit spezieller Passion für das Wetter und zählte über 800 Teilnehmer – Klimaforscher, Medienleute, Meteorologen, Dienstleister. Auch die Jury des Medienpreises konnte sich sehen lassen. Die Wahl trafen hochkarätige Experten. Unter anderem die Vorsitzenden der Deutschen Meteorologischen Gesellschaft, ein Vorstand des Deutschen Wetterdienstes DWD und die ZDF-Meteorologin Inge Niedek, zugleich Vorstand der »International Association of Broadcast Meteorology«, sowie der damalige Chefredakteur der Zeitschrift »Bild der Wissenschaft«.

Die Landesschau trat damals unter anderem gegen zwei nationale Größen an: das ZDF und der Nachrichtensender n-tv. Unser Bewerbungsvideo war ein Wetterbeitrag von Harry Röhrle aus dem tiefsten Winter: Bei klirrender Kälte war er unterwegs mit Eiskletterern am Wasserfall von Bad Urach.

Das Landesschau-Wetter war also schon mal unter den drei Nominierten in der Kategorie »Beste Wetterpräsentation« im deutschsprachigen Raum, doch wussten wir nichts über die Qualität unserer Konkurrenten. Völlig ahnungslos saß unser Kollege und Wetterplaner Stephen Zierhut im Publikum in der »Captain's Lounge«, hoch oben im 17. Stock des Atlantic Hotel Sail City in Bremerhaven. Als der Vorjahressieger, ein Kollege vom Schweizer Fernsehen SF1, endlich seine Laudatio mit den Worten eröffnete, »er blicke manchmal neidisch über die Landesgrenze, welch schöne Wettergeschichten man dort im Fernsehen erzählt bekomme«, da wurde ich doch etwas nervös.

Ein besonderes Spektakel, das auch die Jury überzeugte: »Durch die Kombination von Kurzreportage und Wetterbericht wird den Zuschauern die Komplexität des Wetters besonders verständlich nahegebracht«, so lobte 2010 in Bremerhaven der Laudator Thomas Jordi, Vorjahressieger vom Schweizer Fernsehen. Im Vorfeld gab es keinerlei Hinweise, dass wir diesen Medienpreis erhalten sollten. Entsprechend groß war die Überraschung und die Freude, neben anderen Preisträgern wie dem Meteorologen Sven Plöger oder einem Printkollegen der ZEIT in einem Hotel im hohen Norden die Trophäe entgegennehmen zu dürfen.

Kosten für Übergepäck musste die Landesschau letztlich doch nicht berappen. Der Marmorblock brachte »nur« 6,6 Extra-Kilos auf die Waage. Aber so ist das wohl, wenn man erstmals wie vom Donner gerührt mit einem gewichtigen Preis auf dem Arm überrascht wird ...

Einige Zeit später kam übrigens ein weiterer Medienpreis hinzu, noch eine externe Auszeichnung für das Landesschau-Wetter. So etwas gibt natürlich Rückenwind. Und, auch das ist wahr, es macht sich einfach gut, so eine eigene Trophäe im Büro... Stephen Zierhut/Michael Kost

Im Juni 2012 gab es beim Wettergipfel der Wetterfrösche in Elmau einen weiteren Preis. Ausgezeichnet wurde der Film über die Eisheiligen von Harry Röhrle als »die beste Wetterpräsentation im zentraleuropäischen Fernsehen«.

Unsere Wetterbilder

»Sie haben Post!« – wie die Wetterbilder ins Internet kamen

Es gab da vor über 10 Jahren diesen Punkt, da war es genug: Immer wieder haben wir diese E-Mails bekommen. E-Mails aus ganz Baden-Württemberg. Mit Anhängen. Unscheinbar im Posteingang, aber beim Öffnen haben wir dann oft nicht schlecht gestaunt. Auf den Bildschirmen in der Landesschau-Redaktion leuchteten bezaubernde Sonnenuntergänge, spektakuläre Wolkenformationen und prächtige Farbenspiele von verfärbtem Laub: Die Anhänge waren Wetterfotos aus Baden-Württemberg.

Die Landesschau-Zuschauer schickten uns per E-Mail großartige Fotos aus ihrer Heimat, aus Baden-Württemberg. Dabei hatten wir dazu gar nicht aufgerufen. Eine mögliche Erklärung: Die Filme der Landesschau-Wetterreporter, die nicht selten bei unseren Zuschauern ums Eck drehen, inspirierten, vielleicht selbst auf Fotosafari zu gehen und uns zu zeigen: Schaut mal, ihr »Fernsehfuzzis«, so schön ist die Ecke wirklich, in der ihr gerade dreht!

Manchmal fällt es richtig schwer, eine Vorauswahl zu treffen. Jeden Monat werden die schönsten Wetterfotos prämiert. Es können nur drei in die Endauswahl kommen.

Was aber sollten wir im SWR mit den Bildern machen? Einige wenige zeigten wir in der Sendung rund ums Landesschau-Wetter. Manchmal auch in der Anmoderation als Hintergrund. Für die meisten aber gab es einfach nicht den Platz, der ihnen gebührt hätte. Also setzten sich Wetterreporter, Landesschau-Redakteure und die »Online«-Kollegen zusammen und überlegten. Was ließe sich mit den Fotos anstellen? Wie wäre es, so die Idee, wenn wir die Fotos in einer Bildergalerie auf der Homepage der Landesschau zeigen könnten und einmal im Monat das schönste Foto küren?

Nur – auch das merkten wir schnell: Unter uns würden wir da ganz sicher nicht einig werden, so unterschiedlich gefielen uns die Fotos der Zuschauer. Also kam die nächste Idee: Um den Redaktionsfrieden nicht dauerhaft zu gefährden, sollten die entscheiden, die für den Fotoschlamassel verantwortlich sind: die Zuschauer selbst.

Eine Idee zu haben, ist das eine. Sie auch Wirklichkeit werden zu lassen das andere. Nach vielen Vorüberlegungen bauten wir uns also eine riesige Fotodatenbank. Sie kann nicht nur jedes Jahr mehr als tausend Fotos aus ganz Baden-Württemberg aufnehmen, jeder Zuschauer sollte einfach seine Fotos hochladen können, ein bisschen Text dazu, eine Region auswählen, fertig. Und einmal im Monat kommt dann der große Moment: Alle Landesschau-Zuschauer sind aufgefordert, abzustimmen: Was ist ihr Wetterfoto des Monats? Welche Aufnahme trifft die Jahreszeit am besten? Welches Motiv ist am beeindruckendsten?

Seit dem Startschuss haben uns unsere Zuschauer viele Tausend Wetterfotos geschickt: Blitze um den Aufzugturm bei Rottweil, Nebelschwaden über dem Neckar, Wolkenbrüche über sonnengelbe Kornfelder in Oberschwaben: kurz, Wetterbilder, so vielfältig, wie Baden-Württemberg nur sein kann. Und noch immer kommen neue, wunderschöne Bilder dazu. Jetzt genau in diesem Moment, während Sie diese Zeilen darüber lesen. Das glauben Sie nicht? Hier können Sie sich davon überzeugen: Im Internet unter: www.swr.de/landesschau-bw

Vielen Dank für viele Tausend Fotos!

Das Online-Team der Landesschau,
Andrea Huber-Kreuzer und Florian Schwab

In Leserichtung: Ermstal bei Metzingen am Abend; Ingo Jakubke; 1. April 2017 – Abendliche Gewitterstimmung im Strohgäu; Franz Schumacher; 13. Mai 2015 – Sonnenkühe in Waldstetten-Wissgoldingen; Dietmar Nagel; 29. September 2015 – Sonnenuntergang auf dem Wackerstein bei Pfullingen; Ingo Jakubke; 17. Dezember 2015 – Schauinsland; Robert Schwendemann; 18. Januar 2016 – Regenbogental – märchenhafte Stimmung im Neckartal bei Mundelsheim am Abend; Maximilian Ziegler; 24. August 2015

In Leserichtung: Frühmorgens auf der Hornisgrinde; Desiree Fritz; 12. Februar 2016 – Typisches April-Wetter; Günter Franz Müller; 27. April 2016 – Im Hinterland des Bodensees bei Bermatingen; Klaus Igel; 1. August 21016 – Sonnenuntergang auf der Achalm bei Reutlingen; Markus Jell; 10. Dezember 2016 – Die letzten Sonnenstrahlen beleuchten die Berge hinter der Heilig-Kreuz-Kapelle bei Amtzell; Thomas Keller; 4. April 2015 – »Turbulent und kalt«; Franz Schumacher; 27. April.2015

In Leserichtung: Tulpen im Seegarten von Allensbach; Stefan Ahrend; 22. April 2015 – Sonnenaufgang mit Regen, Blitz und Sonnenschein am Zweieichenturm; Ingo Jakubke; 28. August 2016 – Eine Mötzinger Schnecke beim romantischen Abendspaziergang; Ursula Hoch; 16. Juni 2016 – Küchenschellen über dem Taubertal; Wolfgang Brieden; 13. März 2017 – Auf der Hornisgrinde; Niklas Spether; 5. Dezember 2016 – Morgenrot nach Gewitter zwischen Rangendingen und Hirrlingen; Silas (10 Jahre); 28. August 2016

Zu Besuch bei zwei Wetterfotografen

Ingo Jakubke

Jeden Monat wird in der Landesschau aus den drei besten Zuschauerbildern das »Wetterfoto des Monats« gewählt und gekürt. Wir Wetterreporter treffen uns dann zeitnah mit dem Fotografen – wenn er möchte. Mein erster Treff mit einem Wetterfotografen des Monats war auf der Alb. In Holzelfingen traf ich Ingo Jakubke und wir marschierten zusammen mit seinen Fotofreunden in den Sonnenaufgang über dem Albtrauf. Die tiefstehende, aufgehende Sonne zauberte eine herrliche Lichtstimmung. Genau so muss das Wetter sein, wenn sich fotobegeisterte Menschen treffen. »Wenn ich so etwas sehe, dann stehe ich zunächst einmal da, schaue nur und vergesse das Fotografieren. Das kommt dann erst später«, so der sympathische Mann aus Pliezhausen. Ingo führte mich zum Rötelstein oberhalb des Echaztales, direkt gegenüber von Schloss Lichtenstein. Von diesem exponierten Aussichtspunkt hat er das Wetterfoto des Monats September 2016 geschossen. »Ein erhebender Moment«, so Ingo Jakubke über die Hundertstelsekunde, in der er zum absolut richtigen Zeitpunkt den Auslöser betätigte. Harry Röhrle

Mit Wetterfotograf Ingo Jakubke auf dem Rötelstein oberhalb des Ortes Lichtenstein. Von hier aus hat er das Wetterfoto des Monats geschossen.

Sein Wetterfoto des Monats September 2016: Das Echaztal vom Rötelstein aus, kurz nachdem die Sonne das Tal illuminiert. Aufgenommen am 25. September 2016.

Wetterfoto des Monats November 2017: Bei Sonnenuntergang bringen dicke Wolken einen Schneeschauer über die Weinberge bei Stuttgart. Aufgenommen von Jiri Viehmann am 7. November 2016 auf dem Kappelberg.

Jiri Viehmann

Die Grabkapelle auf dem Württemberg bei Stuttgart über dem Neckartal, ein beliebtes Fotomotiv. Auch im Herbst und Winter – doch angesichts solch eindrucksvoller Bilder stellt sich nicht die Frage nach Schnee und Eis.

Jiri Viehmann ist einer unserer treuen Wetterfotografen. Das Wetterfoto des Monats November 2016 hat er geschossen. Sein zweiter Sieg übrigens. Als ich mit ihm auf Dreh bin, haben wir Glück – wir haben einen wirklich prima Morgen für tolle Wetterbilder erwischt! Mein Kamerateam und wir beide sind auf Fotosafari durch die Weinberge zwischen Fellbach und Neckartal: Wir erwischen einen spektakulären Sonnenaufgang. Sein Gewinner-Bild hat er am Kappelberg geschossen. Blick hinüber zum Neckartal. Die Grabkapelle auf dem Württemberg hinter einem Regenschauer.

Jiri Viehmann ist am 7. November 2016 extra zum Fotografieren in die Weinberge zwischen Stuttgart-Obertürkheim und dem Fellbacher Kapellberg gefahren. Und da hat er auch das zum Wetterfoto des Monats gewählte Motiv gefunden.

Bei Donzdorf ist Jiri Viehmann zu Hause. Seit vielen Jahren hat er sich auf Naturfotografie spezialisiert – oft geht er noch vor der Arbeit morgens zum Fotografieren raus. Er hat ein sicheres Gespür für die richtigen Standorte, um Wind, Wetter und Wolken im richtigen Moment zu fotografieren. Hier am Albtrauf hat er schon viele wirklich besondere Fotos geschossen. Michael Kost

Mit Jiri Viehmann direkt am Ort des Geschehens auf dem Württemberg direkt unterhalb der Grabkappelle.

In Leserichtung: Jenseits von Afrika zwischen Bietigheim und Ötigheim; Klaus Hammer; 10. September 2016 – Eiskalte Nacht im Schwarzwald/B500; Niklas Spether; 7. Januar 2017 – Frühling trifft Winter auf dem Hotzenwald; Helmut Kohler; 28. April 2016 – Sonnenuntergang über einem Seitental des Echaztals in Lichtenstein; Claudiu Sirbu; 22. Oktober 2016 – Vom Blitz gefangen: Testturm bei Rottweil; Jörg Henschel; 24. Juni 2016 – Abendliches Mai-Wetter an der Schwarzenbachtalsperre; Evi Seeger; 25. Mai 2016

In Leserichtung: Sonnenuntergang am Altshauser Weiher; Gerhard Dutschke; 18. Juli 2016 – Gewitter über dem Bodensee bei Friedrichshafen; Peter Wetzel; 30. Juli 2016 – »Geisterhaft« – »Endzeitstimmung« in Grenzach-Wyhlen; Markus Lissner; 12. Mai 2015 – Blick vom Merkur über das Rheintal; Roland Maier, 7. Dezember 2016 – Regenfront bei Oberndorf; Uschi Hermann; 27. Juni 2015 – Die Wetterbuche auf dem Schauinsland; Robert Schwendemann; 18. Januar 2016

Blick vom Belchen in Richtung Süden: Ein herrlicher Morgen. Unten Nebel/Dunst, oben strahlende Sonne. In der Ferne ragen die Gipfel der Schweizer Alpen (Jura) aus dem Nebelmeer.

Das Wetter im Visier. Eine gute Kamera mit vielen Einstellmöglichkeiten hilft, die Ideen des Fotografen umzusetzen.

Harry's Fototipps

Bei der Fotografie spielt das Wetter eine bedeutende Rolle. Genau betrachtet geht nichts ohne Wetter: Es bestimmt die Lichtverhältnisse und damit die Lichtstimmung, einer der großen Faktoren bei der Komposition eines Fotos. Wetter prägt das Bild und damit auch den einzigartigen Moment, der in einem »Schnappschuss« für die Ewigkeit festgehalten wird. Elemente des Wetters machen den Charakter des Bildes aus. Wolkenberge, Sonne, Regentropfen, Schnee, Tau, Nebel, Blitze und Wind geben dem Motiv, der Landschaft einen eigenen »Look«. Und mit diesen Bestandteilen kann man als Fotograf natürlich spielen.

Morgen- und Abendrot

Wenn ich als Wetterreporter früh unterwegs bin, freue ich mich immer, wenn die Chancen auf einen schönen Sonnenaufgang gut stehen. Es ist eine einzigartige Stimmung, wenn das Dunkel der Nacht verschwindet und die kalten Farben am Himmel von den warmen Rot- und Orangetönen des erwachenden Tages abgelöst werden. Und dann der Moment, wenn die Sonne ihre ersten Strahlen über den Horizont schickt oder langsam am Horizont verschwindet. Dann ist auch beim Dreh immer eine andächtige Stille.

Die entscheidende Frage ist zunächst: An welcher Stelle wird die Sonne erscheinen? Wer ein Smartphone besitzt, kann Apps zu Rate ziehen, die dann meistens die exakte Richtung angeben. Wer genau hinschaut, kann aber auch erkennen, wo die Sonne aufgeht. Die Stelle ist meist etwas heller als die Umgebung, Wolken über dem Horizont sind meist etwas heller, außerdem ist manchmal schon der Strahlengang der Sonne zu sehen. Aber nicht nur der Punkt des eigentlichen Sonnenaufgangs ist interessant. Es lohnt sich, auch mal in die entgegengesetzte Richtung zu schauen. Dort ist der Himmel auch gefärbt. Meist in zarteren Pastelltönen. Wenn der Himmel leicht bewölkt ist, dann sind meist die Wolken rechts und links der Sonne dramatisch beleuchtet. Dann lohnt sich ein Detail dieser Wolken ohne Sonne im Bild. Also ruhig mal mit dem Tele an die Szenerie rund um die Sonne heranzoomen. Leider kommt manchmal die Automatik der Kamera bei diesen extremen Lichtverhältnissen durcheinander.

Der Blick auf die Alpen am frühen Morgen. Erstaunlich, wie viele Nuancen von Blau die Natur schaffen kann.

Wenn möglich, auf manuelle Belichtung umschalten oder zumindest ein wenig mit der Belichtungskorrektur spielen. Oft hilft eine kleine Unterbelichtung um –1/3 bis 2/3. Diese Zeit rund um den Sonnenaufgang bzw. Sonnenuntergang wird »Goldene Stunde« genannt. Zu dieser Zeit ist das Licht von der Farbtemperatur her besonders warm und für Landschaftsfotografie bestens geeignet.

Blaue Stunde

Als »Blaue Stunde« wird der Zeitraum kurz vor Sonnenaufgang oder kurz nach Sonnenuntergang bezeichnet. Blaue Stunde deshalb, weil der Himmel dabei in unterschiedlichen und teilweise sehr intensiven Blautönen leuchtet. Dieses Licht ist sehr diffus, es gibt keine störenden Schatten. Deshalb eignet sich dieser Zeitpunkt sehr gut zum Fotografieren, auch wenn er zugegebenermaßen sehr kurz ist. Unsere Wetterbilder werden zum großen Teil in der Natur aufgenommen. In der »Blauen Stunde« bin ich aber gerne in einer Stadt oder dort, wo viel (künstliche) Beleuchtung zu finden ist. Denn die warmen Farben der Stadtbeleuchtung, die in Zeiten von zunehmender LED-Beleuchtung immer kühler werden, passen perfekt zum intensiven und dunklen Blau des Himmels. Die Lichtintensität im Vergleich zum Tag ist geringer. Das heißt, um genügend Licht auf den Sensor oder den Film zu bekommen, müssen wir die Belichtungszeit deutlich verlängern. Damit die Bilder nicht zu sehr verwackeln, ist ein Stativ nötig.

Sonnenaufgang bei Bodman. Tolle Farben von kalt bis warm und eine schöne Reflexion.

Der Kornbühl mit der Salmendinger Kapelle an einem Winternachmittag. Die Kontraste sind bei schneebedeckter Landschaft besonders ausgeprägt.

Zum Weiterlesen:

Werner, Bastian
Fotografieren mit Wind und Wetter
Verlag Rheinwerk 2017

Digitale Fotografie – der 20-Wochen-Kurs
Dorling Kindersley 2016

Schwarz-Weiß

Die Farbenpracht in der Natur ist oft atemberaubend. Manchmal kann es aber spannender sein, die Farben einfach wegzulassen und versuchen, die Bilder in ihrer ursprünglichsten Form wirken zu lassen. In den Pioniertagen der Fotografie kannte der Film nur Schwarz-Weiß. Farbe kam erst später dazu. Bis in die heutige Zeit blieb das Bild ohne Farbe, dafür mit vielen Grautönen anerkannt, weil es sich für manche Motive sehr gut eignet. Zum Beispiel für Strukturen in der Natur, aber auch, um eine bestimmte Stimmung festzuhalten. Der Großmeister der Landschaftsfotografie, der US-Amerikaner Ansel Adams (1902-1984), hat dafür unvergleichliche Beispiele kreiert. Manche Kameras verfügen über einen »Schwarz-Weiß-Modus«, den man einstellen kann. Bessere Ergebnisse erzielt man aber mit der Umwandlung des Farbbildes mithilfe eines geeigneten Bildbearbeitungsprogramms am Computer oder Tablet. Das hat auch den Vorteil, dass wir von dem Motiv immer auch ein Farbbild haben. Farbe lässt sich in Schwarz-Weiß umwandeln, Schwarz-Weiß aber nicht in Farbe.

»Vordergrund macht Bild gesund«

Neben der richtigen Belichtung sorgt der Bildaufbau dafür, wie ein Foto wirkt. Dazu gibt es zahlreiche Regeln, die wir beachten können oder auch nicht. Zwei davon gefallen mir besonders. »Vordergrund macht Bild gesund« hört sich lustig an, dahinter steckt aber viel Wahres. Wer von einem Aussichtspunkt die gesamte Landschaft aufnehmen möchte, hat sicherlich ein nettes Andenken an diesen Blick, der sich vor einem auftut. Um das Bild auch gleichzeitig interessant zu machen, sucht man sich am besten ein Motiv für den Vordergrund. Etwa einen Menschen, eine Pflanze oder einen anderen Gegenstand. Dadurch gewinnt das Bild an Tiefe.

Zum anderen berücksichtige ich die »Drittel-Regel«: Ein bildwichtiges Motiv sollte nicht zwingend in der Mitte platziert werden, sondern eher im äußeren Drittel des Bildes. Das hat mit unserer Art der Wahrnehmung zu tun. Spannung und Interesse wird beim Betrachter erzeugt, wenn Dinge nicht mittig im Bild angeordnet sind. Einige Kameras bieten die Möglichkeit, ein Gitternetz in den Sucher oder auf den Bildschirm zu projizieren.

Das Bild wird mit feinen Linien in drei mal drei Teile aufgeteilt. Wer das Hauptmotiv auf eine der beiden äußeren Linien oder auf den Schnittpunkt der Linien legt, macht einiges richtig. Dann sind die beiden Regeln »Vordergrund macht Bild gesund« und die »Drittel-Regel« optimal umgesetzt.

Viel Spaß, tolle Erlebnisse und Ergebnisse beim Fotografieren und allseits »Gut Klick«! Harry Röhrle

Eine optische Täuschung: Die Eisscholle im Vordergrund wirkt riesig, ist aber nur wenige Zentimeter groß. Fotografie liefert durch geschickte Komposition neue Einblicke!

Morgentau mit einem interessanten und gewollten Übergang von Schärfe zu Unschärfe.

Diese beiden Wolkenfotos haben die Leidenschaft in mir geweckt: Gewitterwolken (lateinisch »cumulonimbus«) gehören zu den majestätischsten Wolkengebilden. Die Energie und Dynamik fesseln mich bis heute.

Rechte Seite: Manchmal bedrohlich, ständig in Bewegung. Wolkenlandschaften und Lichtspiele am Himmel. Alles andere als langweilig!

Mein erstes Wetterbild

Zu Weihnachten 1975 bekam ich von meinem Vater einen Fotoapparat – eine Olympus Trip 35. Das war damals eine schmucke Kleinbild-Kompaktkamera. Mein Vater war Fotograf und Filmkameramann von Beruf. Wir hatten zu Hause eine ganze Bücherwand mit den schönsten Bildbänden aus der ganzen Welt. Er selbst fotografierte damals mit einer Hasselblad, die ich allerdings äußerst selten und nur unter den strengen Augen meines Vaters auch mal benutzen durfte. Allein das Einlegen des Rollfilms in die Cassette war für mich ein höchst nervenaufreibendes Unterfangen. Da war fortan meine eigene Kamera doch viel praktischer. Als Filmmaterial waren es von Anfang an Umkehr-Diafilme, die ich verwendete. Meistens der 64er Kodachrome. Die Zeit zwischen Abgabe des belichteten Films und der Auflieferung der fertig entwickelten und mit Papp-Rähmchen versehenen Dias dauerte für mich immer eine gefühlte Ewigkeit. Im Sommer 1976 stand ein Urlaub mit der Familie in Oberschwaben an. Genauer in Saulgau (das »Bad« im Stadtnamen gab es 1976 noch nicht). Mein Onkel nahm da an einer Segelflugmeisterschaft teil. Also war der Blick zum Himmel schon mal Programm. Von meinen Eltern gab es einen 36er Film – »der muss für die Ferien aber reichen!«

Noch ein Jahr zuvor – 1975 – war der Musiktitel von Rudi Carrell »Wann wird's mal wieder richtig Sommer« der Hit des Jahres gewesen. Der Sommer 1976 war dann ein richtiger. Es war der sogenannte »Dürresommer«: Die Luft über Oberschwaben flimmerte, es war (für mich) unerträglich heiß. Extreme Trockenheit herrschte, die Waldbrandgefahr war sehr hoch. Ein Tag im Juli '76 war wärmer als der andere ... immer mehr als 30 Grad.

Da blieben Gewitter natürlich auch nicht aus. Die Wolken türmten sich zu Bergen über uns auf. Für mich stand fest, diese Wolken müssen fotografiert werden! Natürlich reichte der eine Film hinten und vorne nicht aus. Meine Tante spendierte mir einen zweiten. Diese Dias präsentierte ich dann, auch zum Leidwesen der Familie und von Freunden, bei endlos langen Dia-Vorführungen.

Diese Dia-Magazine habe ich nie weggeschmissen. Noch heute habe ich sie in meinem Hobbykeller. Und natürlich auch einen Diaprojektor. Die Olympus habe ich aber in einem Akt geistiger Umnachtung auf einem Flohmarkt in Ludwigsburg erst vor wenigen Jahren verkauft.

Auch heute noch bin ich fasziniert von Wolken. Als leidenschaftlicher Segelflieger geben sie mir wertvolle Hinweise, wie gut die Thermik ist. Aber als Wolkengucker sind sie für mich auch Poesie der Natur, eben eine Art Himmelskino. Ich glaube, Wolken zeigen uns, wie klein wir Menschen wirklich sind. Philosophisch betrachtet sind Wolken losgelöst von der irdischen Welt, mit eigenen Formen, Lichtverhältnissen und Farben. Sie haben ein eigenes, pulsierendes Leben – manchmal weit unten, aufliegend am Boden als Nebel, manchmal in über 10 000 m Höhe als schimmernde Eiskristalle. Michael Kost

Wie geht es weiter?

Wie hieß es ganz am Anfang in Kollegenkreisen so schön: »Nach einem Jahr gehen euch bestimmt die Themen aus.« Sind sie nicht. Denn das Wetter schreibt unendlich viele neue Geschichten, Tag für Tag. Und jeden Tag ist es überall auf der Welt Gesprächsthema – und das bei allen!

Menschen, egal wie alt, wie groß oder dick sie sind. Das Wetter interessiert alle und jeden – 365 Tage im Jahr! Uns Wetterreporter natürlich ganz besonders.

Wettergeschehen ist die eine Seite, denn wir beobachten seit Jahren auch Veränderungen. Das Klima, die andere Seite. Gegenwärtig befinden wir uns in einer neuen Messperiode, die 1991 begann und 2020 endet. Die letzte und offiziell noch gültige dauerte von 1961 bis 1990.

Beständige, homogene Wetterlagen gibt es immer seltener. Stattdessen immer häufiger kurze, heftige Starkwetterereignisse. Nach so vielen Jahren als Wetterreporter und nach so vielen Gesprächen mit interessanten Menschen, die mit dem Wetter leben und arbeiten, steht für uns fest: Das Wetter hat sich geändert, und zwar schneller als früher.

Die Zahl der gefährlichen Wetterlagen ist tatsächlich angestiegen. Das Beunruhigende: Diese Wetterkapriolen-Unregelmäßigkeiten sind auch hausgemacht, nämlich von uns Menschen. Die letzten Jahre gingen weltweit immer mit Temperatursteigerungen einher. Wir hoffen, es wieder zurechtrücken zu können. Wenn nicht, wird's für unser Kinder und Enkel ganz schön ungemütlich.

Natürlich wird es weiterhin die wunderschönen und faszinierenden Momente beim Wetter geben. Wir freuen uns deshalb auf das, was uns in Zukunft erwartet. Auf das, was die Natur uns bieten wird. Wir werden für Sie, wie Sie es von uns gewohnt sind, weiterhin das tägliche Wetter ins Wohnzimmer bringen und für Sie erlebbar machen. So lustvoll und leidenschaftlich wie bisher. Denn wir lieben einfach das, was wir tun!

Es bleibt also spannend,
Ihre Landesschau-Wetterreporter